序

海洋，是大自然赐予人类的蓝色瑰宝，也是人类赖以生存的共同家园。我国是人口最多的海洋大国，海洋权益对我国未来可持续发展极为重要。提升海洋安全保障能力、海洋治理能力、海洋开发利用能力以及分享全球海洋利益能力等已成为我国海洋科学技术领域的重大挑战。习近平总书记 2018 年视察青岛时强调，海洋经济发展前途无量。建设海洋强国，必须进一步关心海洋、认识海洋、经略海洋，加快海洋科技创新步伐。

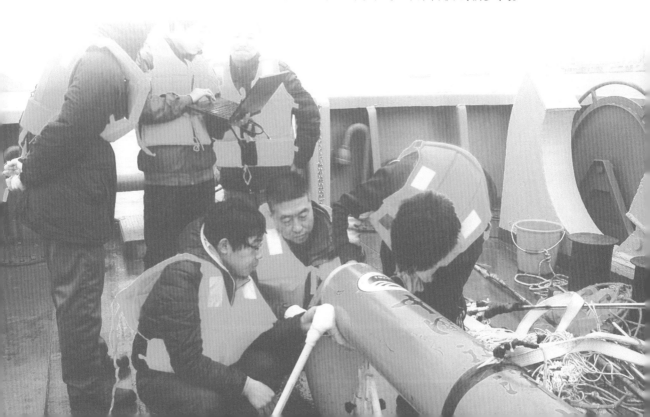

经过 20 世纪八九十年代的"海洋大科学"研究，尤其是全球海洋观测系统、海洋科学钻探、热液海洋过程及其生态系统、海洋生物多样性、海岸带综合管理等领域的研究发展，海洋科学技术发展为一个庞大的学科群。依海而立的青岛是海洋科技名城。在这里，聚集着全国 30% 以上的海洋教学和研究机构、40% 以上的海洋专家学者、50% 以上的海洋教学研究力量、70% 的涉海高级专家和院士。长期以来，他们敢为人先、矢志报国、勇攀高峰，用一个个科学发现、技术发明和原创成果，使我国海洋科技创新的天空中繁星闪烁。

《海洋科学家手记》(第二辑)中，科学家以他们的所见、所历、所感、所想为视角，以自述这一通俗、生动、活泼的形式，向读者介绍踏上科技创新之路的缘由，讲述在科学探索和技术攻关中遇到的故事和趣闻，分享对海洋科研的独特理解和深厚情怀。第二辑共收入 14 位科学家的手记，例如，中国海浪研究的开拓者文圣常院士，在现代有孔虫分类和生态研究及其实际应用方面填补了国内空白的郑守仪院士，致力于海洋防腐蚀研究并为海洋平台保驾护航的侯保荣院士……通过该书，读者不仅能了解海洋科学领域的新知识、新理念，接触海洋科技的新成果、新方向，更能感受到他们爱国、创新、求实、奉献、协同、育人的新时代科学家精神，领略他们胸怀祖国、乐于奉献、淡泊名利的高尚情操和优秀品质。

　　希望该书的出版，能够丰富青少年优质海洋科普图书供给，鼓励广大青少年更加关心海洋、亲近海洋、了解海洋，进而在他们心中埋下好奇、求知、探索、创新、创造的科学精神的种子；在科学家与公众中架设桥梁，引导青少年树立正确的海洋观，树牢海洋意识，提升海洋科学素养；鼓舞我国新时代青年科技工作者潜心致研、成长成才，围绕国家和地方发展重大战略需求，在更广领域、更深层次、更大范围内催生更多原创性、基础性、关键性成果。更希望以该书为载体，助力我国科学文化建设，促进科学与经济、科学与社会、科学与生活的深入交融，在全社会营造尊重科学、尊重人才、崇尚创新的浓厚氛围，为海洋强国建设凝聚磅礴之力，为我国社会经济高质量发展铸造强劲的科研、科普双翼！

中国工程院院士

中国海洋大学副校长

2021 年 11 月

目　录

兴趣为师，耕海踏浪

物理海洋学家 文圣常

科学家简介

文圣常，中国科学院院士，中国海洋大学教授，物理海洋学家，中国海浪研究的开拓者和物理海洋学的奠基人之一。

文圣常院士是中国最早从事海洋科学研究的科学家之一，长期致力于海浪研究和物理海洋教育事业，为奠定和开拓我国物理海洋科学事业做出了卓越贡献。他在海浪频谱、海浪方向谱、海浪预报方法研究和海浪数值模式研究等领域成果丰硕。20 世纪 50 年代中后期，文圣常提出了"普遍风浪谱"的著名理论，被日本学者誉为"东方思想体系"的结晶。其后，在涌浪研究中，他又提出了"涌浪谱"的理论。他主持研究的海浪计算方法在国内得到广泛应用，被列入 1978 年出版的交通部《港口工程技术规范·海港水文》中。该成果 1985 年获国家科技进步奖二等奖。他开创了我国海浪数值预报模式研究，提出了一种特色显著的新型混合型海浪数值模式，并在国家海洋环境预报部门投入业务化应用。该成果 1997 年获国家科技进步奖三等奖。他撰写的《海浪原理》和《海浪理论与计算原理》，成为国内海浪研究的重要著作。

文圣常院士

结缘海洋科学研究

1921 年 11 月 1 日，我出生在河南省光山县砖桥镇一个普通的小职员家庭。光山县地处河南省的东南部，与湖北省相邻，北临淮河，南依大别山，一代名相司马光，党和国家的卓越领导人、中国妇女运动的先驱邓颖超等家喻户晓的名人皆出生于此，是一个山清水秀、人杰地灵的地方。

我小时候，家里是比较贫寒的，但父母依然靠勤劳的双手把这个家维持下来，并供我念了小学和中学。两三岁时，我跟着父亲学习《三字经》《百家姓》，五岁起，又跟着我的伯父文古范接受了一两年的私塾教育，主要是学习《论语》之类的内容。这一时期算作我的启蒙教育时期。

1927 年，我进入国立光山县第一完全小学读书。在小学里有几位老师对我影响很深，我至今依然记得他们授课的场景。有一位教地理的甘老师，是我们县的教学标兵，他讲课基本不用看课本，知识储备非常丰富，记忆力也很好，所画的各种地图十分清楚、准确。我依然记得他讲"九一八事变"，讲到日本人占领沈阳时，

他在地图上标出了沈阳的位置。当时我们班许多同学都流下了眼泪。还有一位教学非常好的语文老师，他对新学、旧学都懂，对学生要求也很严格。我的语文知识基础正是在他的教导下慢慢打下的。当时的音乐老师，虽然没有受过专业的训练，但是经常教我们唱一些爱国歌曲，培养了我们爱国爱家的思想。

1933 年，我前往距离家乡几十千米远的潢川县，在河南省立潢川初级中学读初中。因为离家较远，交通又不方便，我当时是住校的，只有假期才可以回家。开学时，父亲就帮我把学习用品和衣服等需要携带的东西放在一个包袱里，我自己背着去学校。初中阶段，有一位教英文的蔡大钧老师讲课很好，我依然记得当时的情景。刚上初中那会儿，大家都没接触过音标，往往在英文单词旁边用汉语标注读音，如在"book"旁写上"布克"，发音都不标准。蔡老师是武汉大学毕业的，英文讲得好。他带领大家熟悉音标，一个单词、一个单词地纠正发音。日久天长，我喜欢

上了英语。当时，潢川初级中学还设立了奖学金，分为甲、乙、丙三个等级。我基本每次都能拿乙等奖学金。那十几块钱的奖学金，足以支付我好多天的伙食费。

1936年，我考入湖北省立宜昌中学。（去湖北读高中，一方面是出于安全考虑，担心战火很快会蔓延到河南；另一方面是因为当时湖北的教育水平整体上比河南高一些。）1937年7月7日，发生了震惊中外的"卢沟桥事变"，我担心宜昌一旦沦陷，就回不了家了。于是，1938年初，我办理了休学手续，匆匆赶回家乡，在亲戚的引荐下到当地的一所小学教书。

1938年10月，日军入侵光山县。从安全方面考虑，父母让我返回宜昌中学继续读书。但当时学校已经搬迁，几经曲折，我最终进入湖北省立联合中学恩施分校就读。1940年初，我高中毕业。

高中毕业后，我和另外两名同学一起结伴前往重庆谋求新的出路。抵达重庆后，我们三人同时报考了国立中央技艺专科学校（校址在四川乐山，重庆设考区，今成都纺织高等专科学校）和川康藏邮电训练班。后者先放榜，我们三人均被录取，共

文圣常就读武汉大学时的学籍照片

同进入训练班。一周以后，我们三人得知也被国立中央技艺专科学校录取了，又退出训练班，进入国立中央技艺专科学校就读，我读的是农产制造科。

3个月后，因为兴趣不符，我又考取了从湖北迁至四川乐山的武汉大学，进入机械工程系就读。大学时代的生活十分艰苦，主要靠"贷金"和自己兼差挣来的钱维持。我在一个名为"育英"的补习夜校兼差，给高中生教授数学，一个月可以赚几块钱。当时，机械系的张宝龄教授、笪远伦教授对我影响很深。这一时期，我不仅学习了

机械方面的课程，掌握了一些机械设备的工作原理，还阅读了一些文学、哲学方面的书籍，开阔了视野，拓展了知识面。

1944年7月，我从武汉大学顺利毕业。四年的大学时光，一晃而过。在那战火纷飞的年代，我还能在相对安宁的乐山读书、求学，实属难得。这也是我人生中一段十分宝贵的经历。

大学毕业后，我被分配至国民政府航空委员会下属的第八飞机修理厂担任技术附员，厂址设在成都。这期间，我通过了选拔出国人员的考试。1945年，我又被调至第十一飞机修理厂。因为我是待出国人员，所以没有太多的工作任务，大多数时间，我都是在自学英语，积极为出国做准备。

1946年初，我赴美国航空机械学校进修。我们乘坐轮船从上海出发。我知道，船驶出长江口之后，便进入大海。之前我一直生活在内陆地区，无缘看到大海。一些有关大海的书或图片使我对海洋非常向往。我一直留在甲板上，期待那个由江进入大海的时刻——混浊的江水逐渐变浅黄、浅绿、浅蓝、深蓝，就这样，我第一次见到向往已久的大海，十分兴奋和激动。缘于这份对海洋的热爱，尽管晕船，但我依然喜欢站在甲板上看风景，感受大海的辽阔与壮美。正是那时，我发现了一个令人感到惊讶的现象：海上的风浪很大，我们坐的船比较大，但是一万多吨的船在海上，就像一片载浮载沉的树叶一样。我注意到船这样颠簸是因为浪大。我是学机械的，本身就对力学方面的事感兴趣。我当时就觉得浪可以把船抛来抛去，它的能量一定很大。如何把这些能量利用起来，一定是件非常有意义的工作。

在之后的航程里，甚至到了美国之后，我一直在思索这个问题：如何把海浪蕴含的能量收集起来加以利用呢？对于人类社会来说，巨大的海浪可能成为一种自然灾害，甚至是灾难，但换个角度思考，这滚滚的波涛又何尝不是一种取之不尽、用之不竭的能量来源呢？我懂得动力机械，也熟悉各种能量间的转换，几乎在赴美的旅途中已经构思出海洋能量利用的蓝图。我暗下决心要设计出一种利用海浪能量的装置，去叩开海洋世界的大门。这次乘船的意外发现，成了我学术生涯中的一大转折点。

译书传新知

在美国时我们主要学习飞机的地面修理知识，其中飞机液压系统修理方面的内容占大部分。这期间，我利用业余时间，翻译了一本书，《原子轰击与原子弹》。一天，我无意中读到了加拿大女王大学（Queen's University）物理系教授罗伯逊（John K.Robertson）的著作《原子轰击与原子弹》（*Atomic Artillery and the Atomic Bomb*），并被这本书的内容以及通俗易懂、富有内涵的语言深深吸引。捧着这本书，咀嚼着其中的知识点，我联想到刚刚结束的第二次世界大战。1945年8月杜鲁门总统命令美军在日本广岛和长崎投下了原子弹，加快了世界反法西斯战争和中国抗日战争胜利的进程。加拿大学者罗伯逊撰写的这本书，从科学的角度，对物质的构成原理，以及元素、化合物、原子、分子等知识点，尤其是放射性元素的形成、核裂变的机理与过程、原子弹的研制与爆炸等进行了通俗的讲解。作者善于从最普通的生活现象切入，循序渐进，引导读者发现和思考蕴含其中的科学问题，进而释疑解惑，最终使真相大白。通过阅读该书，我解开了自己心中关于原子弹的许多谜团，觉得这的确是一本不可多得的科普书籍。想到在中国大地上，由于军阀割据、外敌入侵，战争连年，而同胞们对于原子弹的知识知之甚少。中国要想发展这一领域的技术，就必须对民众进行这方面知识的普及。我觉得把这本书介绍到中国很有必要，于是决定亲自翻译这本书，把它引入国内。

我给自己制订了严格的翻译计划，历时156天终于完成了该书的翻译工作。1947年初，我回到祖国。为了让国民早些了解原子弹方面的知识，我积极奔走，联系出版事宜。在当时的情况下，出版书籍一般都要有熟人推荐，还要请知名人士帮着撰写序言，这对于25岁的我来说实现起来比较困难。于是，我毛遂自荐，找到了上海的世界书局，把书稿交给对方，问有没有兴趣出版。出乎意料的是，过了几天出版社回信说准备收这份书稿。那时候我毫无名气，没有人可以依靠，靠自己就把这个书稿出版了。这件事对我之后的工作有一定的帮助，让我更加认真、自信，凡事都亲自动手，不依赖他人。

1946 年文圣常在美国学习时翻译的《原子轰击与原子弹》一书

初试海浪能装置

回国之后，我被分配至驻守北平的空运第一大队 103 中队。我对当时国民党当局发动内战，以及军队中存在的走私香烟、金条等贪污腐化行为和懒散懈怠的工作作风不能认同，萌生了离开军队的念头，想找一个相对清静安宁的场所，潜心从事自己感兴趣的海浪研究工作。

1947 年 10 月，我离开了军队，在武汉大学机械系主任刘颖教授的介绍下前往重庆中央工业专科学校任教。教学之余，我结合自己的理解，利用所掌握的机械知识，设计并制造出了一款利用海浪能量的动力装置。我的宿舍就在嘉陵江边。每当船舶经过时，会激起一些浪花，我就利用这些浪花进行试验。因为江里的波浪环境和海洋不一样，所以没有获得理想的效果。

1949 年末，重庆解放。经学校介绍，我与设在上海的华东文化教育委员会取得了联系，并前往上海，但当时上海也不具备开展海洋科学研究的条件。于是，华东文化教育委员会的同志又热心地介绍我去青岛工作。遗憾的是，当时从上海到青岛道路不通，联系十分缓慢。我只好在友人的介绍下先去湖南大学任教，同时等待与青岛联系的结果。

1951 年 8 月，我应邀去北京参加一场教材讨论会。想到北京距离北戴河不是很远，决定带着自己设计的那套装置去北戴河海边试验。从长沙到北京，再到北戴河，一路上我遇到了许多尴尬的情况。浮子装置的外壳是白铁皮包成的，局部涂有红漆，外形奇特，上下车需要手提。当时北京车站很注重安检，旅客下车后排队出站，安保人员留意、排查可疑的迹象。我提的"怪物"引起了安检人员的注意，可能被误认作了定时炸弹之类的危险物品。因此，我被叫出队伍，接受检查。他们看过证件，认为我的解释可信，所以放行了。会议结束后，人生地不熟的我经过多方打听、换乘，终于抵达北戴河海边。我带来的装置吸引了当地人好奇的目光，有两个工科的大学生还热心地协助我进行试验。

试验结束后，我踏上返回北京的火车，仔细梳理自己一路的经历，仿佛是进行了一场探险。

1951年暑假，我离开长沙，前往广西大学执教。在广西大学教学期间，我一直没放弃与青岛方面联系。功夫不负有心人，最终，我与青岛观象台的高哲生教授取得了联系。1952年暑假，我带着我的装置，历经长途跋涉，抵达了这座世界闻名的海滨城市，见到了高哲生教授。在他的引荐下，我又见到了在山东大学（今中国海洋大学鱼山校区）执教的赫崇本教授。赫教授对我从事海浪科学研究的执着追求表示赞赏，并邀请我到青岛工作，加入即将成立的海洋学系。我欣然应允。利用第一次到青岛的机会，我还在汇泉湾进行了海浪能量利用试验。

根据赫教授的建议，我先回到桂林，由山东大学与教育部和广西大学协商我的工作调动事宜。巧合的是当时国家正在筹建中国人民解放军军事工程学院（因校址设在哈尔滨，简称"哈军工"），首任院长兼政委是开国大将陈赓。建设哈军工，需要从全国各地的高校抽调教师。当时我

也被选中了，教育部让我先去哈军工报到，然后再协调去青岛执教的事情。就这样，我又在哈军工工作了一段时间，直到1953年10月才正式调入位于青岛的山东大学工作。

我进入山东大学的时候，海洋学系已经成立，赫崇本教授是系主任。对于我早期的研究，赫崇本教授给予了很大的支持和帮助。当时西方国家对我们进行封锁，获取海洋科学文献资料的途径不畅。赫教授刚回国不久，他将带回的欧美国家在海洋科学研究方面的资料毫无保留地交给我。在研究中，他也随时和我分享获得的资料，给了我无私的帮助。赫教授也研究海浪，他比我年长，在美国获得学位，又有相关的工作经验，实际上是我的老师。我这样一个刚进入海洋领域的人与他相比，只能算是一个"小学生"。但是，赫教授并没有因为我是"小学生"，就摆出老师指导学生的姿态。当时，我和赫教授，还有几位年轻的教师组成一个小组，大家集体学习，共同研讨，累积知识。赫教授并不在意他老教授的身份，和我们这些后来的"学生"打成一片。所以说，赫崇本

1953年文圣常（右二）在船厂调研

教授是一个真正为科学献身、服务国家的人，对我影响很大。当时，苏联方面的科研资料比较容易获取，我搜集了许多。结合搜集到的书籍、资料，我们开始编写教材，制定研究方向。

我以前对海洋存有一些浪漫的想法，觉得它那么引人入胜，但和海洋长期、深入接触之后，发现它没有想象中那么"浪漫"。平常在陆地上可以轻而易举完成的工作，到海上就变得困难了。我逐渐意识到，海洋科研工作不是一个人关在房子里就可以开展的，真正深入研究海洋，需要团队协作，适应海上环境。可是当时不具备组建团队的条件。因此，我只好调整研究的方向，从海浪能量的开发利用转向理论方面的研究工作。

在工作中，我又进行了一些试验。基于试验结果，我撰写了《利用海洋动力的一个建议》一文，1953年在《机械工程学报》上发表，这是我国学者最早进行海浪能量利用的研究报道。

乘风破浪立新谱

自1953年10月5日至今，我一直生活工作在青岛。近70年来，我在风景如画的中国海洋大学校园里潜心海浪研究和人才培养，在国家和学校以及社会各界的支持与关心下，我与团队成员一起在海浪学研究领域取得了一些进展。

20世纪50年代中期，国际上存在两种比较盛行的海浪研究方法——"能量平衡法"和"谱法"，但这两种方法只考虑海浪在充分成长状态下的海浪频谱的内容，没有考虑海浪成长过程中的谱型形式。我在充分学习借鉴这两种方法的基础上，结合自己的研究和思考，把这两种研究方法结合起来，从能量平衡的观点出发，导出了可用以描述风浪成长全过程的普遍风浪谱，并撰写了《普遍风浪谱及其应用》一文。此外，在涌浪的研究中，斯韦尔德鲁普和蒙克的能量平衡等理论都是以半经验的方法来计算涌浪的波高和周期的，而且以空气阻力解释能量消耗，没有考虑涡动影响。我对此做法持保留意见。于是，基于涡动和绕射的作用，我提出了涌浪谱的计算方法。在《涌浪谱》文章中，我还考虑了台风区的圆形特点，并给出了对应的计算方法。

在我国著名地球物理学家赵九章和赫崇本两位教授的联名推荐下，这两项成果在当时的《中国科学》杂志上用英文发表，

1991 年，文圣常（右）与冯士筰在奥地利参会时合影

20 世纪 60 年代初期又被译成俄文，在苏联著名海洋学家克雷洛夫编著的《风浪》论文集中风浪谱部分全文刊出，并被列为当年国际海洋科学领域的重要研究成果。

截至 20 世纪 80 年代，在国际海浪学界风浪谱理论研究的数据与成果依然是基于观测和科学家的个人经验获得的，这种单纯依靠经验的做法具有一定的主观性和不确定性。为了弥补这一缺憾，我在 20 世纪 50 年代末研究的基础上，采用解析的方法导出了风浪频谱和方向谱。我通过在谱型中引入一个参量"尖度因子"，推导出了理论形式的风浪频谱。这种理论风浪谱既适用于深海，也可应用于浅水区，能够对风浪随风速、风时、风区和水域的变化进行比较系统的描述，可以用有效的参量描述谱形。为便于应用，20 世纪 90 年代初，我又用拟合方法得到一个方向函数，将方向函数和上述频谱相乘即得方向谱。风浪频谱和方向谱包含相同的参量，故它们在形式上和概念上都是协调的，成为海浪谱研究中又一成果。这一成果很快在我国海浪预报业务中得到应用，并获得国家自然科学奖四等奖和国家教育委员会科技进步奖。

耕海预浪防灾害

　　20 世纪 50 年代末至 60 年代中期，我的研究更多地侧重于理论方法层面。20 世纪 60 年代中期，我开始思考如何将海浪理论成果转化为现实生产力，为国民经济发展服务，使其产生一定的社会和经济效益。

　　当时，我国在港口、码头等大型海洋工程建设中，普遍采用的是苏联和美国的海浪计算方法，但在某些方面这些方法不太适合我国的海域特点。在这样的情况下，我主持和领导了国家科学技术委员会海洋组海浪预报方法研究组的技术工作。在研

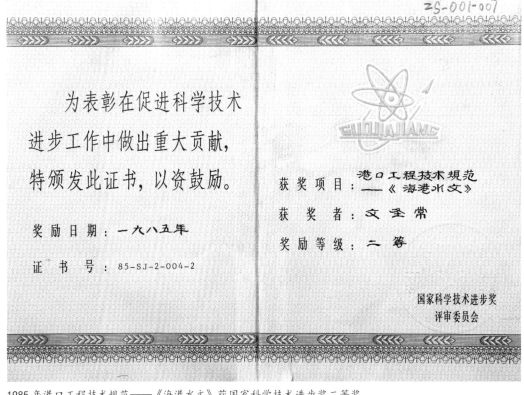

为表彰在促进科学技术进步工作中做出重大贡献，特颁发此证书，以资鼓励。

奖励日期：一九八五年

证　书　号：85-SJ-2-004-2

ZS-001-007

GUOJIAJIANG

获奖项目：港口工程技术规范——《海港水文》

获奖者：文圣常

奖励等级：二等

国家科学技术进步奖
评审委员会

1985 年港口工程技术规范——《海港水文》获国家科学技术进步奖二等奖

究中我和团队成员充分考虑了我国海域的实际情况和现实特点，提出了一种适合我国海域特色的海浪计算方法。这一方法不仅精确度较高，而且计算方便，在国内海洋工程建设中得到了较广泛运用。20世纪70年代后期，我有幸参与制定近岸工程设计技术标准，所提出的海浪计算方法列入交通部《港口工程技术规范·第二篇 水文·第一册 海港水文（试行）》中。该书于1978年出版，结束了我国在港口建设的有关规范中长期依赖苏联和美国的状况。1985年，该成果获得了国家科学技术进步奖二等奖。

20世纪80年代末、90年代初，我又承担了国家重点科技攻关项目中的海浪数值预报方法研究专题。针对海浪数值预报国外通行方法中存在的困难，我提出了一种新型混合型海浪数值预报模式。该模式把控制方程中能量摄取、耗散、非线性波-波相互作用等难以精确计算的源函数项合并为一项，然后通过易于观测到的比较可靠的海浪成长关系加以计算，保证了精度和稳定性，该模式的计算时间约为当时国外WAM模式（第三代模式）的1/60，解决了在计算机上费时过多的问题。新型混合型海浪数值模式的提出，不仅有效克服了当时我国计算机运行速度慢带来的困难，而且使我国的海浪预报模式从传统的经验预报迈向了数值预报，在这一领域实现了质的飞跃。该模式经过大量不同天气过程的试报、预报和后报检验后，以其稳定性好、精确度高、适用性强的优点，很快便在国家和地区性海洋预报中心投入业务化应用。

这一创新成果不仅在国内得到广泛的应用和好评，还在国际上引发强烈反响，受到苏联、韩国专家的重视。苏联功勋科学家 Davidon 评价说："此方法给予我们的工作很大启发，会使我们少走弯路。"苏联另一位这一领域的研究者也认为："它与苏联的方法同出一种基本思想，但又有大的发展，有极强的实用价值。"

这一成果被评为国家"七五""八五"科技攻关重大科技成果，获得联合国技术信息促进系统中国国家分部"发明创新科技之星奖"、国家教育委员会科技进步一等奖和国家科技进步三等奖。我本人也被授予"七五有突出贡献者"和"八五先进个人"等荣誉称号。我自 1990 年 7 月起终生享受国务院政府特殊津贴，并于 1993 年当选中国科学院院士。

20 世纪最后 10 年，联合国教科文组织发出了"国际减灾十年"的号召，这与我一直以来希望从中国海洋事业的实情出发，研究海洋灾害的想法不谋而合。这期间，我主持承担了"灾害性海浪客观分析、四维同化和数值预报产品的研制"专题的研究工作，相关产品现已在国家海洋环境预报中心应用于风浪预报，并应用于当时中央电视台灾害海浪预报。20 世纪 90 年代中后期，我又主持了"近岸带灾害性动力环境的数值模拟和优化评估技术研究"专题项目，并参与了其中某些子课题的研究工作，提出了新的风浪谱研究方法。

著书立说育桃李

海浪研究是在第二次世界大战期间，为适应盟军诺曼底登陆需要而诞生的一门海洋分支学科，虽然起步较晚，但是发展迅速。第二次世界大战后，伴随着海洋运输、港口建设、海上资源勘探开发、渔业养殖捕捞等涉海行业的发展，海浪研究越来越受到人们的重视。但是这一新兴学科领域却没有系统性的专著问世。鉴于这一学科发展的现实情况，我在前期研究的基础上于 1962 年撰写了《海浪原理》一书，这是国内外出版的第一部海浪著作。20

1984 年出版的《海浪理论与计算原理》

GEOPHYSICAL INSTITUTE
TOHOKU UNIVERSITY
PHYSICAL OCEANOGRAPHY LABORATORY
SENDAI 980, JAPAN

September 3, 1985

Professor Wen Shengchang
President
Shandong College of Oceanography
Qingdao, Shandong
The People's Republic of China

Dear Professor Wen,

Thank you very much for your letter dated July 18, 1985 with nice words, and I was delighted to have received your book with Professor Yu.

I was surprised to see that your book is the very comprehensive work in the field of contemporary sea wave theory. I imagine that many good students of your country in this field are growing up by studying your excellent text book.

In my laboratory, Mr. Zhang Ruo Chao, who graduated Tohoku University last March, and now is in the first year of the Graduate School, has his theme of wave model, which would be applicable to a shallow sea. He has had summer vacation for several weeks, and has been to your country to see his parents. He has just come back here, and told me that he was not able to buy your book in Shanghai. But now he can see your book here.

Also, in October, another Chinese student, Mr. Xie Shang Ping is coming here, who is a graduate of your college. He is expected to enter our Graduate School in April. I will do my best for them to become good scientists.

A book "The Ocean Surface", which is the proceedings of the "Symposium on Wave Breaking, Turbulent Mixing and Radio Probing of the Ocean Surface" which was held here in our campus last year, has just been published. In expressing my many thanks to you for your book, I will present a volume of this book to you. The book will be sent to you directly from the publisher, D. Reidel Pub. Co. in Dordrecht, Holland, by sea mail.

With best regards.

Sincerely yours,

Yoshiaki Toba
Professor

1985 年，日本海洋学家鸟羽良明给文圣常写信高度评价他主编的《海浪理论与计算原理》

世纪 60 年代中期以后，海浪研究创新成果不断出现，文献数量迅速增加。为便于广大海洋科研人员开展工作，我和同事余宙文老师一起，历时 4 年，编著了《海浪理论与计算原理》一书。该书于 1984 年正式出版。《海浪理论与计算原理》系统性地梳理了世界范围内截至 20 世纪 80 年代初的海浪研究成果，所收录的 500 余篇文献资料中，近 400 篇是 20 世纪 70 年代后发表的。这两本著作成为海浪研究领域的重要参考书目，有助于推动我国海浪研究和海洋科技人才的培养。

在从事海浪理论和应用研究的同时，我也积极为我国海洋教育事业的发展贡献

1986年，文圣常（左）参加海洋系博士论文答辩会时与孙孚合影

自己的智慧和力量，先后编著了《海浪学》《液体波动原理》《图解与近似计算》《海洋近岸工程》等教材，为山东大学、中国海洋大学的本科生、研究生授课，有幸培养了中国海洋学界第一位在国内获得博士学位的研究生孙孚教授，获得具有大气科学界的"诺贝尔奖"之誉的"罗斯贝奖"的气象学家王斌教授等。青出于蓝而胜于蓝，他们在各自研究领域均取得了非凡的成就，为社会做出了突出贡献。

鲐背之年仍耕耘

近年来，伴随着年纪的增长，我体力和精力不如从前。我从教学和科研一线退居到二线，但还想力所能及地为国家、为社会、为学校做点什么。2002年，《青岛海洋大学学报（英文版）》创刊，学校让我担任主编一职。10多年来，我始终坚持逐字逐句审查、修改待发表的文章，确保文章的学术水平，维护学校的良好声誉。刚退居二线那会儿，我还能坚持步行上下班，上午、下午、晚上"三班"下来，每天工作十几个小时。后来在学校领导和周围同事的劝说下，"三班"改成了"两班"。再后来，走路、上下楼变得更加吃力，我被迫由"两班"改为"一班"。前几年，由于健康状况进一步下降，只好在家工作，按时把学报送来的稿子修改好。直至2019年5月，我才卸任主编一职，改任名誉主编。周围的人都劝我说："该休息一下了，这样太累了。"其实，我从未觉得累，每个人的生活方式不同，我喜欢这样的生活方式。我每天总是感到时间不够用。我一生中一切都是平平淡淡的，我喜欢这种平淡的生活，能做一点力所能及的事我就很高兴。

文圣常在审核修改《中国海洋大学学报（英文版）》的稿件

俯下身才能昂起头

海洋腐蚀与防护专家 侯保荣

科学家简介

侯保荣，中国工程院院士，海洋腐蚀与防护专家。曾任中国科学院海洋研究所副所长，山东省第九届、第十届人大代表、常委会委员，第十一届山东省人大代表，海洋防腐蚀产业技术创新战略联盟理事长。享受国务院政府特殊津贴，被评为全国优秀科技工作者和齐鲁最美科技工作者。

侯保荣院士作为我国海洋腐蚀环境研究和海洋腐蚀防护的学科带头人之一，致力于海洋浪花飞溅区和大气区腐蚀机理与防护技术研究、海洋钢筋混凝土结构腐蚀防护与修复技术的研究，明确提出"海洋腐蚀环境"的概念，建立了海洋腐蚀环境的理论体系。他作为首席科学家承担了"十一五""十二五"国家科技部支撑计划项目，973计划、863计划项目、中国工程院重大咨询项目"我国腐蚀状况及控制战略研究"等30余项。出版专著10余部，主编论文集9部，发表的论文中被SCI收录的有400余篇，授权专利70余项，曾获国家

侯保荣担任2008年奥运会火炬手

科技进步二等奖、中国科学院科技进步奖、山东省科学技术最高奖、山东省科学技术发明一等奖等省部级以上奖项10余项，2014年获得"何梁何利科学与技术奖"，2015年获得中国腐蚀与防护最高工程成就奖，2018获得美国腐蚀工程师协会科技成就奖。

结缘海洋科学研究

我 1967 年毕业于复旦大学化学系。经过几年在部队农场的劳动锻炼，1970 年 3 月我被正式分配到中国科学院海洋研究所（以下简称海洋所），在海洋化学研究室的腐蚀研究组工作。腐蚀防护专业主要基于化学学科，与电化学密切相关，因此对于腐蚀研究工作的开展，我是有一定基础的。但是我当时也未曾想过，与海洋腐蚀研究打交道，这一打，就是 50 年！

初到海洋所，当时的海洋化学研究室主任是纪明侯先生。纪先生对腐蚀研究工作非常重视，认为这是一个有前景的学科。因此，在我入所工作后，研究室连续四五年每年都会吸纳腐蚀研究方面的新人，且这些新人均来自中国海洋大学、厦门大学、南京大学、吉林大学、北京航空航天大学等国内一流高校。

刚参加工作，我们就响应国家号召，开门搞科研，与工农兵相结合。我记得当时上海正要建设一个石油化工厂。石油从大庆运至上海，需要建造以钢铁材料为基础的陈山原油码头，而腐蚀防护正是重要的工作内容，海洋所便和南京水利科学院等单位合作承接了陈山原油码头的阴极保护工作。我还与同事们共同参与了天津海洋石油开发平台和青岛港务局黄岛输油码头的阴极保护工作。当时，这方面的教材不多，参考文献很少，我国的阴极保护技术也比较落后，许多事情都要靠自己摸索。我们研究了外加电流以及高硅铸铁辅助牺牲阳极等方法，经常在平台上一住就是 1 个多月。在贫穷落后的大背景下，我们从事的科研工作当时可能算不上"高精尖"，但却切实地为我国基础设施建设解决了很多工程问题。我一直认为，腐蚀防护作为典型的应用学科，一定要致力于解决实际问题。现在回想起来，那时的工作确实辛苦，但我从未感到疲惫，反而因为能为我国海洋平台和码头的建设尽一分力而充满成就感。

举一个简单的例子。当时我国的牺牲阳极技术还很不过关，我和同事们就开始铝基牺牲阳极板的深入研究。经过了五六年的时间，研究获得了重要突破。这项成果在 20 世纪 80 年代获得了国家科学技术进步二等奖。而今，这项技术早已经遍地开花，成为抑制钢铁在海水中腐蚀的重要方法，而我作为我国最早从事此项研究的人员之一，感到无比自豪。

多个科研项目中的摸爬滚打让我受益匪浅，我认识到海洋腐蚀防护对于我国经济建设的意义重大，对海洋腐蚀防护研究产生了的极大热情。我慢慢意识到，这项事业值得我付出一生的努力。

因此，我与海洋科学研究结缘，完全基于踏实的工作与刻苦的钻研。是攻克一个又一个难题而获得的成就感，让我慢慢热爱上我所从事的科研工作。我也想给年轻人一个小小的建议，不必在事情都还没开始做之前，就要给自己确立一份事业，而要在一点一滴的学习和工作中慢慢积累，找到自己奋斗的方向。

俯身实海试真知

针对钢桩在海水中的腐蚀问题，可将海水分为 5 个不同区带的腐蚀环境，自上而下为海洋大气区、浪花飞溅区、海水潮差区、海水全浸区和海底泥土区。在工作中，我发现研究者在不同海洋腐蚀区带的钢桩的腐蚀规律方面存在很大争议，一部分学者通过不同海洋腐蚀区带分别实海挂片的方法，研究发现海水潮差区的钢结构在周期性涨潮落潮的影响下，存在干湿循环和风吹雨淋日晒影响，氧供给也最充分，腐蚀最严重；而另一部分学者则通过长尺挂片的方法，研究发现处于海水潮差区之上的浪花飞溅区的腐蚀最严重。实际上，钢结构在海水中不是分离的，而是从海洋大气区到海底泥土区保持电导通状态，各区带的电化学腐蚀并非单独进行，而是互相影响的。分别实海挂片看似科学，实则无法再现钢桩在海水中的整体腐蚀规律，而电导通的连续挂片方法才具有科学性。

然而，实海的长尺挂片和电连接挂片都存在很大的问题，那就是挂片工作量巨大，难度也很高，受现场环境的影响大，试片很可能会丢失，导致长时间的试验最终一无所获。另外，试验钢带腐蚀量的计算方法存在问题，试验前试片的精确重量只能靠推算，误差比较大。因此，我开始思考，是否有方法对海洋环境和实海长尺挂片试验进行模拟，使得试验条件更可控，数据获取更方便呢？这成了我当时工作的重点。

1972 年，我们正好在上海石油化工总厂陈山原油码头开展阴极保护技术的研究工作，要长时间住在现场。这里提供了极其方便的海水试验条件。我在陈山原油码头入口处的一个临时小平台上搭建了一个水池。水池长约 1.5 m、宽 0.5 m，水深 1.5 m。在水池的上方建了一个水槽，里面存储的海水是用一个泵从海里抽进去的。水池旁边设有一个虹吸管，控制海水的涨落，以此来模拟自然海域的潮汐现象。这个装置设定的潮差区为 0.4 m，海水全浸区为 1.0 m。

我利用这个装置进行挂片试验，把实验钢种材料切割成 50 mm×100 mm 的试片，事先称好重量，悬挂在水池中的不同位置，模拟海洋大气区、浪花飞溅区、海洋潮差区和海水全浸区。实验进行了一年。那时候实验条件差，交通也十分不便，取下的试片要送到中国科学院上海冶金研究所去除锈、清洗、称重、计算。每一片试片约重 240 g，所有试片总共约 40 kg，我一个人将试片从码头背到火车站，坐上火车到上海西站，再一个人背着试片步行前往冶金所。实在背不动了，我就把试片分成两批，先把一批背到用眼还能看得到的地方放下，再折回去背另一批。前后两批最多只能相隔 50 m 左右，因为再远了就看不到了，我怕试片丢失，这可是一年的心血啊！在旁人看来，这可能就是一堆破铜烂铁，但对我来说，这就是宝贝。就这样跌跌撞撞、大汗淋漓地把试片背到冶金所时，天已经黑了，工作人员都已经下班。我把试片往传达室一放，这才松了一口气。那时在上海，住不起旅店，我住过理发店，住过澡堂。为了顺利拿到实验数据，我感觉吃再多的苦都值得。在中国科

电连接腐蚀试验方法鉴定会合影（第二排右一为侯保荣）

青年时期的侯保荣

学院上海冶金研究所的徐乃欣、张承典等研究员的帮助下，经过几天的试片处理，实验结果终于出来了，腐蚀速率与实海挂片试验的结果吻合，且数据更细致详尽。我当时心里太兴奋了，这临时搭建的小装置，还真能反映外海的腐蚀规律啊！虽然过程艰苦，但这个初级的海水腐蚀模拟实验装置给我以后的科学研究打下了坚实的基础，提供了很多思路，也为我国当时的海洋腐蚀研究提供了更多的可能。

后来，我根据前期积累的经验，在中国科学院海洋研究所的园区建立了更为完善和科学的实海模拟试验装置，对 100 余个钢种的腐蚀规律进行了详细研究，对不同材料在不同区带的腐蚀规律进行了归纳总结，也获得了各种合金元素的添加对钢材腐蚀的影响规律。我利用该装置进行的研究获得了重要突破，也荣获中国科学院科技进步奖。回想起来，当年在上海不辞劳苦地开展研究工作的我，在若干年后获得了丰厚回报。我很感激当年那个艰苦奋斗的自己，如果不是那时的坚持，也许我的一生只会庸庸碌碌。

遥渡海外求新学

20 世纪七八十年代，我国的科研水平并不高。想要学习国外的先进理论和技术，就必须掌握外语。海洋所的年轻同事学习的几乎全是英语，而我在复旦大学学的是俄语。由于多年没有使用机会，我俄语掌握得不够熟练。时任化学室主任的著名海藻化学家纪明侯先生建议我学习日语，因为日本是岛国，四面环海，海洋设施多，腐蚀研究水平比较高，掌握日语便于查阅日文相关文献资料，了解日本的腐蚀防护技术，以后有机会也可以去日本深造。我非常认同纪先生的建议。结合海洋所和研究组的需求，我决定学习日语。然而从零开始学习一门外语绝非易事。在工作之余，别人都在休息的时候，我统统用来学习日语。正巧当时李春生研究员刚从日本回来。他在日本生活了 20 年，非常支持我学习日语，给予了我很多指导。同时，我开始上夜校业余班。1975 年，山东师范大学外语系开设了日语班，我申请到了旁听生的资格，继续着苦读日语的日子。就这样经过了一年的时间，我已经能看懂日文文献了。

有了外语基础，也就埋下了出国继续深造的种子。70 年代末，改革开放政策实施，80 年代出现了留学热。机会永远留给有准备的人。有一天，我突然接到时任海洋所副所长毛汉礼的通知，让我去所里参加选拔出国留学人员的答辩。丈二和尚摸不着头脑的我去问纪明侯先生，才知道早在半年前，在研究所推荐出国留学人员时，纪先生选了美国和日本两个国家。考虑到日本的腐蚀研究水平先进，且当时只有我一个人有日语基础，纪先生便推荐我参加选拔留学人员的答辩。我激动万分，终于有了出国留学的机会。

但接下来我还有两关必须通过：一是必须通过中国科学院的日语考试；二是必须找到日本的接收单位。我受海洋所委派，去大连外国语大学日语专业班进修了 4 个月，在统一考试中成绩优异，通过了第一关。然后，我结合几年的研究工作成果，接洽当时日本东京工业大学金属工学科的教授。经过几番信件来往，我得到了对方的认可，通过了第二关。终于，在1985年3月7日，我正式以中国科学院访问学者的身份踏上了日本求学之路。

当时，访问学者的留学期限只有一年。一年时间太短。虽然我抓住点滴时间进行学习和工作，但留学期限将满时，我还有很多研究工作没来得及深入开展。于是，我向中科院有关部门写信汇报了自己的工作进展，并恳请延长留学时间。对此，纪明侯先生爱才心切，非常支持，表示"想多学点东西总是好事情嘛，再等等看"。我的信引起了中国科学院相关领导的重视。经过慎重讨论，他们终于同意了我的延期申请。我最终于1988年6月学成回国。在日本3年宝贵的学习经历，让我掌握了大量金属腐蚀与防护方面的最新知识。我清晰地记得，6月30日回国那天，我转机到香港后，立马给海洋所打电话汇报："我已经站在了祖国的土地上……"

我从初到海洋所工作，到成功赴日求学，再到学成归国，都离不开纪明侯先生的帮助与支持。纪先生是我一生的"贵人"。

学成归国后，我回到了海洋所的海洋化学实验室，但仍一直与日本导师水流彻教授保持着密切联系，边工作边学习。水流彻教授表达了他对于我回国的惋惜之情，说如果我再坚持半年，就能戴博士帽了。好在1993年我有机会重返日本，3个月就取得了东京工业大学的工学博士学位。再次回国，我终于独立开启了国内领

侯保荣在日本东京工业大学实验室

侯保荣（左三）获得博士学位，与水流徹教授（右一）合影

先的海洋防腐科学研究之路。同时，我与日本工业大学、大日本涂料公司、日东电工株式会社等单位的专家建立了良好的合作关系。然而当时我自己都没有想到，我的日本留学经历，竟开启了中国科学院海洋研究所与日本东京工业大学几十年的密切交流之旅。

30 多年来，我去日本交流过数十次。

研究室中去过日本的研究人员不在少数。大批日本科学家也来青岛进行交流访问。中、日科学家相互走访，开展学术交流，互通有无，在腐蚀与防护研究领域建立了密切的学术合作关系。2000 年，我和水流徹教授共同提议，由中国科学院海洋研究所与日本东京工业大学共同发起成立中日海洋环境腐蚀共同研究中心，并召开"国

际海洋腐蚀与控制研讨会"。首届研讨会
在青岛召开。之后研讨会每两年举办一届，
由中方和日方交替举办，至今已成功举办
了九届。这项会议把海洋防腐研究推向了
新阶段。

侯保荣在日本东京工业大学

爱国、兴趣、惜时、学习和责任

海洋原生动物学家 郑守仪

科学家简介

郑守仪，中国科学院院士，海洋原生动物学家。中国科学院海洋研究所研究员、博士生导师。曾任第五至七届山东省政协副主席，第八至十一届致公党中央副主席，第六至九届全国政协常委。

郑守仪院士将毕生精力倾注到有孔虫的基础研究上，开创并全面发展了我国现代有孔虫分类与生态学研究，建立起比较完备的中国海域有孔虫分类和形态学研究的基础体系，填补了我国在有孔虫领域基础研究的多项空白，用郑氏命名了两个有孔虫的新物种。郑守仪也因此在 2001 年荣膺 "中国科学院院士" 称号，2003 年荣获国际有孔虫研究最高奖——库什曼有孔虫研究杰出人才奖。还获得全国劳动模范、"三八" 红旗手、全国归侨先进个人、"巾帼科技发明者"、山东省 "齐鲁女杰" 等荣誉称号。

郑守仪院士还是一位负责任有担当、为民办事的杰出社会活动家，曾被选为青岛市副市长和青岛市人大常委会副主任、致公党中央副主席、全国政协常委、致公党山东省委主委、省政协和省侨联副主席等。在担任职务期间，她为国为民参政议政，深入基层，深入群众，为归侨、侨眷和海外华侨排忧解难。仅在历届全国政协会议上提交的提案就有 300 多件，内容广泛，涉及科技、教育、侨务、政治、法律、政协统战、人事福利等方方面面。她还为我国山旺国家地质公园的保护做出了重要贡献。

结缘海洋科学研究

1931 年我出生在菲律宾，祖籍广东。祖辈为了谋生侨居菲律宾，父亲在马尼拉一家商店当店员。我是家里唯一的女孩，上有 3 个哥哥，下有 2 个弟弟。由于家境贫寒，大哥、二哥都做了童工，这为我和 2 个弟弟受教育提供了条件。父亲虽然身在海外，但心系祖国。1949 年新中国成立的消息传到菲律宾，为表达喜悦之情，父亲提笔写下《醒狮》："乍觉沉沉梦，昂首试吼声。伫着驱丑类，寰宇震威名。"

郑守仪（右一）与父母和兄弟合影

他把对祖国的爱灌输到儿孙身上，他为孙子们起的名字有"保华""振华""新华""醒华"等。他常常告诫我们"不要忘祖"。父辈的爱国情怀深深地影响着我们，这种爱国之情融入我们生命的"基因"，流淌在我们的血液里，时刻伴随着我们。

1977 年，当我带着不满 6 岁的女儿新红回到阔别 21 年的菲律宾马尼拉娘家时，父亲已经过世。母亲从箱底拿出父亲去世前留下的遗言："守仪能为国家效力殊堪嘉慰……对于孩子，要自小灌输爱国观念……"看到这里我再也忍不住，泪水夺眶而出。

我在"文革"期间带着孩子回菲律宾娘家时，有人担心我会一去不返，不会再回到中国科学院海洋研究所工作，因为当时的中国，依然贫穷，物资匮乏，许多人都想尽一切办法离开祖国，寻找出路。但是对祖国的挚爱，使我不会因环境艰难而离开，祖国就是我的生命。倾诉完 21 年对父母和兄弟的思念之情后，我带着新红高高兴兴地回到祖国的怀抱，回到我喜爱的中国科学院海洋研究所，回到我最信任的爱人身边。从此，再也没有人质疑我对祖国的真情了。

在菲律宾，华侨学校都是私立的。由于付不起学费，我只能在菲律宾公立学校读书。读完中学，我已经 19 岁。菲律宾的公立学校使用的是英语。我能说一口流利的英语，但尴尬的是我不会汉语，父母因此十分担心我失去与祖国的文化纽带，于是凑钱把我送进一家华侨私立学校，作为插班生，与八九岁的孩子们一起学汉语。学完两年汉语后，我考入菲律宾东方大学，半工半读，并于 1954 年获得"商科教育"和"生物学教育"双学士学位。因为成绩优秀我获得了免试进入国立菲律宾大学读硕士研究生的资格。

1956 年研究生即将毕业时，听到祖国社会主义建设迫切需要人才，我毫不犹豫地响应祖国号召，不顾一切，独自一人，来到我热爱和向往已久的祖国。回国后，

1954 年获得双学士学位时的郑守仪

我被分配到中国科学院海洋研究室（现中国科学院海洋研究所）工作，从事中国海域现代有孔虫基础研究。自此我潜心研究，直到今天。

祖国需要就是动力

当时发达国家已有一个半世纪的现代有孔虫分类学与生态学研究历史，而我国相关研究尚属空白。对于有孔虫，绝大多数普通民众不知道它的来龙去脉。其实，有孔虫的研究，对国家科学发展战略具有重大意义。有孔虫是一种带壳的海洋单细胞动物，大小1毫米左右，像一颗极为细小的沙粒，肉眼难以看清，却有着5亿年的地质历史。目前已知古代种类有4万余种，现代有孔虫也多达6000余种。有孔虫对海洋环境变化反应灵敏，其遗骸成为化石。在全球93%的洋底底质中，层层沉积着不同地质年代的有孔虫化石。那些美丽的化石，来自远古，至今保存完整。因而，有孔虫既是研究海洋生态的良好材料，又对认识和开发海洋、勘探石油等沉积矿藏、推断古沉积环境、鉴定地层年代具有不可替代的重要作用，同时对研究地球板块运动和陆海沧桑巨变有重要的意义。也就是说，有孔虫是记录地质演变的一部完整的"编年通史"。当时我想，既

然这一领域在国内是空白，既然有孔虫的科学价值这么大，既然祖国这么需要，那我就从基础研究开始做起。希望经过我们这一代人的努力，相关研究能迎头赶上发达国家的水平。这就是我的初心。

我利用中国不同海域的海水及沉积物样品，对有孔虫进行全面分类和生态基础研究，建立中国海域完备的有孔虫分类和生态体系。对于刚刚走出校园的我来说，这是一项庞大、复杂而单调乏味的工程。每天宿舍—食堂—实验室三点一线，这就是我青年和中年时期的生活。那时我在青岛没有亲人，没有朋友，因此也没有任何娱乐活动，这就从某种程度上给我提供了一个适合做科学研究、没有任何干扰的绝佳环境。每日我把从海底挖取的泥沙样本烘干，称重，冲洗，再烘干，加试剂浮选萃取，在显微镜下捡取、分类，进行形态描述，绘制形态图，进而磨片和解剖等，观察其内部结构并用文字进行准确描述，绘制出各种内部结构图。我还要将在显微

镜下对定量样品中不同种类的标本进行计算、统计，以此为基础分析各海域的有孔虫区系和分布特征及其规律。要对我国渤海、黄海、东海和南海从潮间带到水深几千米的上千测站所采集的有孔虫进行种类鉴定和定量计数，工作量大且烦琐。半个多世纪以来，我日复一日年复一年做着同样的工作。观察有孔虫内部结构不是一件容易事，需要耐心和细心地切割磨片。有孔虫大小在1毫米左右，将这样一个小生物进行磨片和解剖实属不易。

祖国需要就是我工作的动力，更是我的兴趣。当一个人把工作变为一种纯粹的兴趣，把不断学习变为一种自我需求，就会把激情、创新投入工作和学习的每一个环节，不再觉得枯燥，不再感到苦和累。正是这种浓厚的兴趣和持久的动力，推动着我在工作中克服一个个困难，有了新的发现，找到新的方法，认识新的规律。随着时间流逝，中国海域的有孔虫新种不断被发现，每一次发现都带给我无限的惊喜。

迄今我共描述了有孔虫1500余种，其中，有1个新科、1个新亚科、24个新属、290个新种，绘制有孔虫形态图近万幅；

工作中的郑守仪

完成了上千测站（次）的定量计数和观察定性工作，较全面系统地总结了中国海域有孔虫区系、生态特性和多项有孔虫参数的分布规律。陆续在国内外发表论文20多篇，出版了专著两部，累计达320万字。我的论文《西沙群岛的现代有孔虫》作为集体成果《西沙群岛海洋生物调查研究》的组成部分，荣获1988年国家自然科学奖三等奖；专著《东海的胶结和瓷质有孔虫》荣获 1989 年山东省自然科学优秀学术成果奖一等奖、1990 年中国科学院自然科学奖一等奖；专著《中国动物志 胶结有孔虫》荣获青岛市自然科学奖一等奖……2001 年我荣膺中国科学院院士称号；2003 年以丰硕的成果获得国际有孔虫研究的最高奖——库什曼有孔虫研究杰出人才奖，是自 1978 年设立此奖以来，全世界 13 个国家 26 位学者中第二位获此殊荣的中国科学家。

世界有孔虫研究权威专家、美国学者 Loeblich 和 Tappan 夫妇评价我："郑守仪的专著很可能成为可广泛应用多年的经典著作，形态图及切片面的质量也是出类拔萃的。"他们还在 1994 年出版的著作中引用了我的著作中记载的约 20% 的有孔虫属种，并用郑氏命名了一个新种——郑氏假帕热拉虫（*Pseudoparrella zhengae*）。日本学者优奇博士（Dr Ujiie）和哈达博士（Dr Hatta）在其著作中引用了我的著作记载的约 30% 的有孔虫属种，也以郑氏命名了一个新种——郑氏树口虫（*Dendritina zhengae*）。

这些成就对我来说，不是刻意去追求

2003 年郑守仪（左）获库什曼有孔虫研究杰出人才奖

2001年郑守仪（左一）荣膺中国科学院院士称号，中央统战部部长刘延东（左二）前往探望和祝贺

的，而是工作中自然丰收的成果，都是我浓厚兴趣的副产品。我一刻也没有在这些名誉面前沾沾自喜，而是在兴趣的引导下，继续学习、研究，继续深入更加广阔的领域忘我地去探索。

终身学习助推科研、丰富生活

　　有孔虫研究涉及的面比较广。虽然我在学生时代见过有孔虫，但在大学里学习的专业与有孔虫研究没有什么联系。有孔虫研究对我来说是一个全新的领域。为此，我不仅要对有孔虫研究历史进行全面的了解，还要对有孔虫所涉及的各方面知识进行了解。如何做到这一切，用一个词来概括，就是"学习"——不间断地学习，随时随地学习，遇到需要克服的困难就学习，向中国同行、外国专家学习，向身边的每一个人学习，在学习中获得新的兴趣，开阔新的思路，使研究走向深入和广阔。

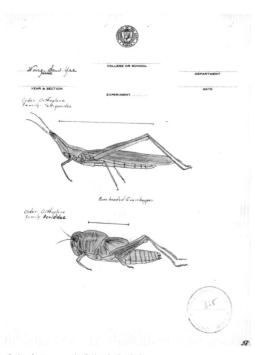

生物作业——郑守仪手绘蝗虫

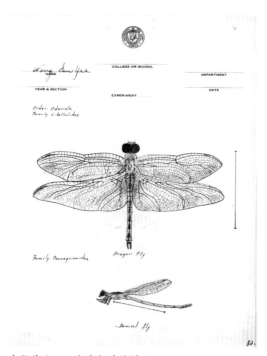

生物作业——郑守仪手绘蜻蜓

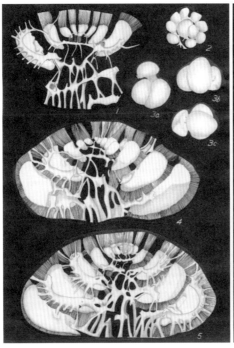
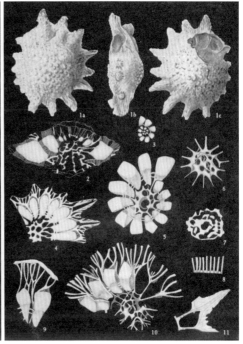

郑守仪手绘的有孔虫内部结构图

我每天都是在研究、学习、探索中度过。例如，在研究有孔虫的过程中，我把肉眼看不到的有孔虫变成可以摸得着、看得清的科学艺术品——可以放大任意倍数的有孔虫模型。这里涉及绘画和雕塑领域。我从未专业学过绘画和雕塑，但是在学生时代我喜欢画画。那时我就自学绘画。我向法国昆虫学家法布尔学习，在生物课上绘制各种昆虫的形态。"无心插柳柳成荫"。那时的自学竟然在今天的有孔虫科学研究

中派上了用场，绘画竟然可以与科学完美地结合。从早期绘制有孔虫平面图、内部结构图，到绘制三维立体透视图，我把本来在显微镜下才能看到的海洋原生单细胞生命体的原貌放大数倍再现出来，供人们认识、了解、欣赏、研究。当时还是我的助手的傅钊先也是一个好学的人，钢笔字写得好。我的出版文稿都是他一手抄写的，听说曾被科学出版社作为样板展示。在绘画方面他也是半路出家，但绘制的有孔虫

形态图可以达到专业画家的水平。

这给我一个启示：学习是进步的阶梯，学习是打开知识与技能大门的钥匙，不管是谁，只要努力学习，就可以成为专家。

能绘出图来，我还不满足。受法国自然学家 Alcide d' Orbigny 鼓舞——他是世界上第一个为了教育目的用熟石膏制作出100个有孔虫模型的人，我和爱人傅钊先决定制作有孔虫模型。我们都没有雕塑的经历，对雕塑一窍不通，一切从零学起。起初我们尝试用滑石雕刻。这个办法虽然不错，但不允许出任何失误。后来，我们改用可修正的石膏来制作有孔虫模型。一次次失败，一次次不放弃，一次次接近有孔虫的真实面貌，我们最后做出了放大数倍的、形态逼真的有孔虫模型共有250多种，不仅在数量上超过了 Alcide d' Orbigny，而且在细节上更胜一筹。

学习贯穿我的工作和生活。到了中年以后，由于工作繁忙、社会活动不断，身体有些吃不消。这使我深刻认识到，身体健康是持续研究工作的基础。因此，在工作之余锻炼身体成为我的习惯。我锻炼身体的方式简单而又方便：一是散步，二是游泳。自从爱人教会我游泳后，到第一海水浴场游泳成为我的最爱。从春末到冬初，

郑守仪用滑石雕刻的有孔虫放大模型

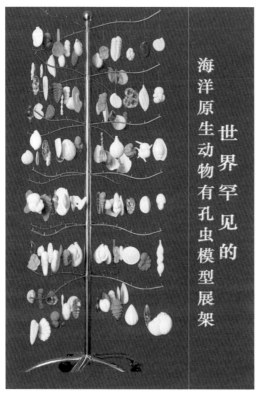

海洋原生动物有孔虫模型展架

世界罕见的

有孔虫模型展架

我很少间断过，直到86岁才被迫停止。但散步的习惯没有停止。锻炼给我强健的体魄和灵活的思维，可以使我不知疲倦地连续工作。

生活中，我跟着爱人傅钊先学骑自行车。骑自行车不仅比步行节约时间，使我的生活更加方便，还是一种不必单独花时间的锻炼身体的好方法。我又跟傅钊先学习了理发。没多久我的技术超过了他，找

我理发的人越来越多。于是，我经常利用午休时间为同事理发。我从未学过厨艺，但我喜欢学习做点新花样，如广东菜饭、黑芝麻糊、东北酸菜等。有时我会带给同事尝尝。看到别人能弹会唱，我很羡慕。在傅钊先的帮助下，我学会了识简谱，学会了唱歌、弹琴。有时我与家人一起弹奏，这给我增添了不少乐趣，生活变得丰富多彩。

1988年，我57岁，第一次分到了一套住房。我和爱人商量，决定自己学着装修。我们向人请教，买来水泥、沙子、瓷砖、地板条等，边做实验边装修。爱人成为我的"小工"，负责和水泥、运送。我贴瓷砖、安装地板。装修完毕，客人竟然认为是专业装修公司装的。

搬家时，我不小心将收音机砸在脚背上，造成骨裂，伤势较重，用石膏固定，不便走动。我知道"伤筋动骨一百天"的说法，内心十分着急，于是让爱人把60年代采自南海北部的有孔虫样品及实验室里的显微镜等实验器具搬回了家。在家养伤的两个多月时间里，我仍夜以继日地工作，完成了90多个测站的有孔虫定量计

数工作。平均每个测站需要鉴定 50 个种类，实际镜下过目计数 500 多个标本。这次意外受伤坏事变好事，使我能够集中精力，完成了积压多年的南海有孔虫的分类和生态研究，从而初步建立起我国近海较完备的有孔虫分类和生态体系。这也成为我被评选为中国科学院院士的重要成果之一。

20 世纪 80 年代初，改革开放需要大量的粤语人才，青岛学习粤语的人越来越多，迫切需要创办一所夜校来教授粤语。这个重担就落到我身上。我受父母的影响，在家里说广东话。当我负责致公党的侨务工作时，粤语成为一个重要的交流工具。利用普通话来讲授粤语成为我攻克的又一个目标。利用几个月的业余时间，我最终编写了粤语教材《广州话入门》。我还录制了粤语学习录音带，供夜校教授粤语使用。这是山东地区出版的比较早的粤语教程，受到出版社的高度重视，后来在全国发行使用。当时我既做科研，又忙政务，晚上还要教授粤语，录制学习粤语口语磁带到深夜。后来夜校一位学生将磁带借去使用，再也没有还我，而我又与这位同学失去了联系。希望这位学生看到此文，能把当初借去的磁带还给我。

以上的经历给我一个启示：学习，没有年龄大小之分。57 岁的我，学习装修照样行，编写粤语教材、教语言都可以。我相信，这个启示适合任何人。

惜时使生命更富有

我认为时间可以分为"绝对时间"和"相对时间"。"绝对时间"是大自然赋予的每一个人每天 24 个小时，一年 365 天或 366 天，是不变的。但时间又是相对的，一个人可以让时间充实，也可让其"缩水"。有的人让时间从身边悄悄地溜走，或者做一些没有意义的事情，让时间悄悄地"变质"和"缩水"；而有的人可以充分利用时间，在 1 分钟的时间内完成别人 2 分钟、3 分钟甚至更多时间才能完成的工作，那他拥有的时间就是别人的 2 倍、3 倍……我在学生时代就学会了合理利用时间，在相同的时间里可以做别人四五倍的工作，那我的时间也就相对变多，我的生命也在不断地翻倍。珍惜每一分钟，把每一分钟用在学习上，用在研究上，用在做有意义的事情上，从学生时代这就成为我的一种习惯。

在有限的时间内，我力争学习更多的东西，做更多的研究：一是将要做的事情进行甄选，只做有意义的事；二是将要做的事情进行合理安排，研究累了就锻炼，锻炼时思考新的问题，见缝插针学习新知；三是按照计划推进。例如，我每天一睁眼就按照计划开始了我的一天，当遇到暂时无法解决的问题时，就先放放，进行下一件工作，找机会再解决未解决的问题。

1979 年起我可以享受每年休假、疗养一个月的待遇，但我几乎全部放弃。直到 2017 年，86 岁的我身体出现不适，才开始选择在青岛本地休假。在疗养院一天除了三顿饭和按摩一次，无其他事可做，便请司机把我和爱人送回实验室工作一会儿，再送回去吃晚饭。后来我们晚上也回家睡觉了。看来这种休假对我意义不大，之后我考虑放弃这种疗养。放弃的目的只有一个，就是将有限的时间用在更有意义的事情上。

时间是人一生中最宝贵的财富，是一个神奇的魔术师，如果你珍惜他，他能使你变得富有，能丰富你的生命。

"特殊年代"的恋爱

1966年，"文革"期间，我停止了研究工作，中断了有孔虫研究事业。正是利用这段空闲的时间，我开始思考我的婚姻问题。

在这之前，我从未想到过自己会结婚，曾有独身过一辈子、把全部精力用在科学研究上的极端想法，甚至认为婚姻和家庭会浪费时间。但在"特殊年代"，我的助手傅钊先一直给我鼓励、温暖、信心。他虽不善于言谈，但举止文雅，心地善良。在外界看来，我们的差距很大。他比我小七八岁，没有显赫的家庭，是初中毕业生、中科院海洋研究所的一名见习员；而我是硕士研究生，是一名科研人员。这些条件在常人眼里是不可逾越的高山与沟壑，而在我的眼里这一切算不了什么。这些差距并没有阻止我们走在一起。在我们相处的日子里，我跟他学会了骑自行车、识简谱、唱歌、弹琴、游泳、理发等。他的科研能力不差，也很谦虚。在我引导下，他很快成为研究有孔虫的专家。我在有孔虫领域之所以获得如此成就，与他的支持和帮助分不开。

为了爱情、为了事业，我们走到一起。1967年在我最痛苦的时候，却收获了爱情和理想的婚姻，收获了温馨的家庭。这一年我正好36岁。我们的婚礼，没有彩礼，没有轰轰烈烈的誓言，没有父母和亲人现场的祝福，但一切都是那么自然、和谐、美好。如果没有那段痛苦的日子，我或许没有精力谈恋爱和结婚，这又是坏事变好事。正如老子所言："祸兮福之所倚，福兮祸之所伏。"

婚后我们一起研究、讨论，一起面对困难想办法，一起探索新问题。两个人相互启发，相互鼓励，相互帮助。如果有人问我：在这个世界上你最不后悔的事是什么？我会毫不犹豫地回答这一辈子做的最正确的两个决定：一是回国研究有孔虫，报效祖国；二是找到了世界上我最想找、最喜欢的人——我的爱人傅钊先，这是上苍对我的恩赐。

家庭给了我无限的力量，这是一个温暖的港湾，这是一个休憩的驿站，这是一个长途跋涉寻找的加油站。后来，随着女儿的长大和外孙女的出生，温暖的家庭更充满了活力。

责任担当，不负期望，为民办实事

1980 年，我当选为青岛市副市长，负责外事、侨务和处理来信、来访工作。当选副市长后，我仍担负着原来的科研任务。按规定，我只在周六到市政府办公，其余时间继续我的研究。

1983 年我又被选为青岛市人大常委

1980 年郑守仪（前排右一）出任青岛市副市长时与青少年亲切座谈

会副主任，还被推选为中国致公党第八至十一届中央委员会副主席、第六至九届全国政协常委，并兼任山东省政协副主席、山东省归国华侨联合会副主席。

这些不是荣誉，也不是权力，而是报效祖国、为人民服务的另一条渠道。我最难忘的经历是与中外科学家共同为保护临朐山旺地质遗迹而进行的奔波和呐喊。

说起这次经历，还要提到一位国际地质学家、丹麦皇家院士、美国科学基金会地学部主任比拉尔·哈克博士。1999年哈克博士应邀参加在青岛举办的亚洲海洋地质大会。会议期间他到山东几个地质遗址进行实地考察，包括靠近临朐县城的山旺国家自然重点保护区露天采石场。

在考察时，哈克博士意外发现了一块保存完好的蜜蜂化石。他兴奋地发现自己进入了一个化石的天地。作为海洋地质学家，他敏锐地意识到了山旺的地质遗址对于中国和世界的重要意义！接下来的景象令他大吃一惊！几个矿工正在悬崖边用木质模型框忙碌地制作泥砖。他顺手捡起一块干透的砖块，发现稍微用力便可将它弄碎。凭着他的专业知识判断，这些易碎

2009年7月14日郑守仪（前右二）获评"全国侨界十杰"

的砖块是由黏滞性不高的松散沉积物制成的。经询问，他得知采石场65%的土层已经被矿工们破坏了。哈克急忙问陪同访问的当地科学家，为什么此地没有被保护起来，这些当地的科学家沮丧地回答，他们多次反映没有成效。无价的自然遗产遭受破坏，这让哈克博士感到揪心。

从19世纪30年代以来，山旺地质遗址已被用于科学研究，从中发掘出了很多化石。湖底缺氧层混有硅藻沉积物的土壤完美地保留了古生物很多外部解剖学上的细节，包括鱼鳞、鸟类羽毛、昆虫的翅膀和身上柔软的部分以及哺乳动物皮肤和毛发。有些化石甚至保留了生物原本的颜色。这实在是化石界难得一见的奇观。超过10个门类500种化石的产区在全世界

都寥寥无几。不仅如此，还有数不清的埋藏在土层中的物种等待我们去挖掘探索。要是这个化石分布区能够被保护起来，得到系统的研究该有多棒呀！

哈克博士回到青岛后，带着遗憾度过了一个不眠之夜。第二天他向我提出了他的担心。他想在世界范围内呼吁保护这个地方。我听后和哈克博士一样焦急万分，我告诉他，我作为全国政协常委，可以上报全国政协，帮助解决这一问题。哈克博士一听，高兴极了。他中断考察，返回华盛顿家中，起草了一份倡议书，其中强调了山旺地质遗址的日常商业活动意味着全人类自然遗产的损失，希望政府采取保护措施，同时将此地列为人类共同遗产。这一倡议立刻得到来自各国科学家的积极响应。倡议书很快被译成中文，和联名信一起，由我负责带到北京，报告给全国政协，后被转交给国务院副总理和当时的山东省省长李春亭。倡议书和联名信效果显著。2000 年 7 月，山旺地质遗址矿区的开矿行为被勒令停止，那些用硅藻土做砖块的矿工，也获得了经济补偿。当地着手建立地质公园、古生物化石博物馆。2005 年 9 月，山旺国家地质公园正式向公众开放。山旺国家地质公园和古生物化石博物馆保存了 1600 万年前的鱼、昆虫、植物等 700 多种化石，其中也包括那只栩栩如生、振翅欲飞的小蜜蜂化石。消息传来后，我感到无比欣慰。这是我为国家、为民族、为人类做的一件极为有意义的事情，这也是一种责任担当，令我终生难忘。

科普教育是传承与守望

我与中国同行，经过半个多世纪持续不懈的努力和辛勤忘我工作，实现了我回到祖国时的"初心"——在有孔虫基础研究方面迎头赶上发达国家水平，建立起我国比较完备的现代有孔虫分类学和生态学研究体系，使有孔虫在国家战略勘测中发挥生态指示作用。我希望新生代在中国有孔虫研究方面，特别是基础研究方面，能够站在我们这一代人的肩膀上，继续深入。这里就涉及教育和科普问题。如果学生对有孔虫一无所知，哪来的兴趣？更不用说搞研究了。

于是，我从 20 世纪末开始就利用各种机会，走进校园、走近学生，对学生进行有孔虫研究的科普教育活动，让学生们了解什么是有孔虫、研究有孔虫的科学价值和艺术价值。近 30 年的时间里，从南边的海南海口、广东中山、福建厦门，到北边的吉林长春、辽宁沈阳，从东边的上海，到西边的新疆乌鲁木齐等很多地区，我都曾留下过科普教育的足迹。粗略统计，

我以各种方式在幼儿园、小学、中学、大学、科技馆、博物馆等进行过五六百次科普活动。早期，每逢重要节日、科普日活动或参加学术交流时，我们会带上二三十斤重的显微镜、模型展架、标本、图片和宣传册，到现场设展位进行宣传活动；只要时间允许，我们就会为当地学生做有孔虫科普讲座。

2005 年上海国际科学与艺术展览会上，评委们在上千件参展作品中选了几十种获奖作品。我们的海洋原生动物有孔虫模型系列作品荣获优秀作品奖。2006 年中科院海洋所与青岛西岭投资发展有限公

好奇的孩子们观察有孔虫

2006年5月全球首个"海洋原生动物有孔虫科普基地"揭牌仪式（右一为郑守仪）

郑守仪给孩子们讲解有孔虫的科学价值和艺术价值

司共建了全球首个有孔虫科普基地，集中展示了有孔虫的微观世界、最新研究成果和美学价值，让公众领略大自然中有孔虫的千姿百态之美，借以普及科学知识。2008年在中国（芜湖）第三届科普产品博览交易会上，有孔虫模型又荣获优秀科普产品银奖。

在青岛第三十九中学（以下简称青岛三十九中）校长白刚勋的支持下，其高中校区建起了"郑守仪院士实验室"，里面存放有我研究有孔虫的许多资料、模型、图片。青岛三十九中学生因此可以比较系统地认识有孔虫。同时，青岛三十九中作为全国海洋教育的一个科普基地，接待来自全国各地的参观者。这样利用青岛三十九中这个平台，有孔虫科普宣传活动可以推向全国。

我还带着青岛三十九中的学生去大海采集有孔虫，带回实验室，指导学生在显微镜下观察有孔虫的形态并进行分类。后来青岛三十九中的学生每年都进行关于有孔虫的课题研究，都来到中科院海洋研究所我的实验室请教问题。

有孔虫不仅仅具有科学研究价值，其

青岛三十九中学生跟郑守仪（左一）学做有孔虫研究的课题

海洋原生动物 — 有孔虫 中国科学院海洋研究所 郑守仪

有孔虫明信片

本身就是绝妙的艺术品，从艺术的角度来宣传有孔虫，能让人在美的享受中不自觉地就了解了有孔虫。

我制作了精美的带有各种有孔虫图案并配着文字的明信片，随身携带，随时分发。我还制作了各种有孔虫形态的首饰、挂件等装饰品，书刀、书签等文化用品，孩子们喜爱的糖果等食品，以及带有有孔虫图案的书包、服装等等。

除了这些小型的有孔虫文创，我还协助建立起了大型的有孔虫科普休闲雕塑园，让人们在休闲的同时了解有孔虫。第一个是广东省中山市三乡镇的有孔虫雕塑园。这一雕塑园用了5年的时间建成，内有用花岗岩、砂岩、大理石制作的116个高质量的有孔虫雕塑，雕塑底座上均配以文字说明，这里成为闻名遐迩的观光景点。有孔虫雕塑有的排列在山坡小道、有的散落在草坪上，栩栩如生。人们在休闲的同时也学到了有孔虫的知识。

不久前青岛三十九中初中校区里摆放了6座大型有孔虫雕塑；市北分校区又建成了包括26座中型有孔虫雕塑的科普园。

有孔虫形状的棒棒糖

有孔虫书签

有孔虫图案服饰

广东省中山市三乡镇有孔虫雕塑园

这些雕塑沿着校园湖边小道分布，十分壮观。

2018 年位于青岛西海岸新区城市阳台景区的青岛海洋有孔虫雕塑园建成。这是世界上最大的海滨有孔虫雕塑群和科普基地，其中有 204 座有孔虫雕塑和 2 座世界罕见的海洋单细胞植物"颗石藻"雕塑。

这是继广东省中山市三乡镇建立的世界首座有孔虫雕塑园之后，又一座集科学、艺术、海洋文化于一体的，规模宏大的有孔虫雕塑园景区，从而形成了我国南有中山三乡，北有青岛西海岸，南北遥相呼应的独特海洋科普园区格局。

乘风御海，攻坚克难

物理海洋和环境海洋学家　冯士筰

科学家简介

冯士筰，中国科学院院士，中国海洋大学教授、博士生导师，我国著名的物理海洋和环境海洋学家，中国风暴潮研究的开拓者之一，中国环境海洋学学位点的主要创建人、第一个博士生导师和学术带头人。

冯士筰院士主要从事浅海动力学方面的研究，其团队在风暴潮动力学研究中创建了超浅海风暴潮模型，并将风暴潮动力学和预报模型及方法系统化，相关成果"浅海风暴潮动力机制和预报方法的研究"于1982年获国家自然科学奖三等奖。其1982年出版的专著《风暴潮导论》是世界上第一部系统论述风暴潮机制和预报的专著，获全国优秀科技图书一等奖。他主持了国家"七五""八五"重点科技攻关专题，部分成果已达到国际领先水平，部分成果于1991年获"国家七五科技攻关重大成果奖"。他的工作促进了风暴潮研究的进展和预报的进步。

冯士筰院士在浅海环流和长期物质输运方面的研究成果尤为突出。他与合作者给出的拉格朗日余流和长期输运方程，物理意义明确，且对长期物质输运提供了节省计算资源的计算模型，受到国内外同行的重视。相关成果"拉格朗日余流和长期输运过程的研究——一种三维空间弱非线性理论"于1989年获国家自然科学奖三等奖。他的工作促进了浅海动力学、环境海洋学和海洋生态动力学的进步。

结缘海洋科学研究

已进入耄耋之年的我，忽而要回首自己的科研历程，一时竟不知从何说起，只觉得走过的煌煌岁月只不过是浮云一掠。但借此契机叩开回忆的大门，发现其实过往的经历都如散星缀于岁月长河，等待逐一打捞、再度采掘。"科研"，于我个人而言，它是真实而深刻的，是一步一个脚印走出的道路，是一滴一滴汗水凝聚而成的事业，是我倾注热忱去追逐的理想，也是我历经曲折却仍然奋发的精神旗帜。尽管我已经行至当下的境地，处于人生的沉淀时期，但回想起自己初入科研之路时的心境，胸中仍涌起一腔少年的热血与心气。

虽说我与海洋科学相伴近一生，但最开始进入这个领域却是纯属意外。在 20 世纪 30 年代末那个纷乱时代，我出生于天津的一个教育世家。我从小就受到来自家庭的教导和熏陶，对知识总有着一股子探求的劲头。但当时国家动荡，我在成长过程中有书香相伴，但也免不了闻见硝烟的残酷味道。外祖母总是给我讲岳飞的故事，"精忠报国"4 个字深深烙在我的心上。因此，和当时许多青年一样，读书时总想着能够成为可造之才，为国家残破的山河增添一些光亮。也正是怀着这样的抱负，在以后每每遇到难关时，我总是暗自鼓劲，想着再拼一些、再忍一忍，希望就能多一分。在天津耀华中学就读时，得益于老师们孜孜不倦的栽培，我逐渐确立了研究火箭和导弹的科学理想。我以此为志考上了清华大学的工程物理系，后来被调到了工程力学数学系学习流体力学专业。我还记得当时收到录取通知时的激动心情，只觉得已然触摸到前沿科学的门槛，进入到一个崭新的世界。我十分珍惜在清华的学习生活，希望在专业知识的支撑下有机会真正为国家出一分力。我加倍努力，潜心积累数理基础和研究方法，琢磨一些实际的技术难题。在教室学到夜深，等到熄灯才回到宿舍，拿起冰凉的窝窝头啃得津津有味……这些画面仍时常出现在我的脑海里。经过 6 年的刻苦学习，转眼间到了毕

青年时期的冯士筰

业的节点，等待组织的安排，准备去科研"前线"大展拳脚。

1962 年我正式毕业，被分配到了山东海洋学院，走上了与我原来的梦想大相径庭的海洋研究之路。后来才知道，是当时我国物理海洋学的奠基人之一、清华大学的老学长赫崇本先生要了我们 4 个同学来山东海洋学院工作。我明白海洋也是国家的战略所在，需要大量人才的投入，并且我以在大学时所学的专业基础，来到当时的海洋气象系工作，实际上也顺应了用数学力学的基础理论来解决物理海洋学问题的趋势。但这毕竟是开始一个新的专业领域，我必须加速前进，迎头赶上。因此，刚工作的前两年，我在赫老和文圣常先生等老师的帮助下，夜以继日地补充学习海洋方面的知识。正是在这个过程中，我的物理海洋的知识体系和我对物理海洋的研究兴趣逐渐建立。我漫长的海洋研究历程正式拉开序幕。

解开风暴潮之谜

1964 年，我在深入研究了当时享有盛名的物理海洋学家 Munk 大洋风生环流模型的基础上，找出该模型未考虑热盐因素的不足，建立了大洋风生－热盐环流模式。正当我准备发表关于这一模型的论文时，"文化大革命"开始了，我无法在学校继续做研究。但所幸的是，这期间我得以和赫先生生活在一起，我们可以方便地交流知识，相互勉励，在苦不堪言的日子里寻得一丝温暖，也使得我不至于将之前所学全部抛之脑后。

1970 年，在周恩来总理的关怀下，我国风暴潮研究起步了。我和合作者开始了这一极具挑战的课题的研究。

风暴潮是发生在海洋沿岸的一种严重自然灾害，是由于剧烈的大气扰动，例如

冯士筰（左）与赫崇本合影

风暴潮研究早期主要合作者，右一为冯士筰

台风和温带气旋，导致海水异常升降，使得受到影响的海区的潮位远远超过平常的现象。风暴潮发生时波涛汹涌，破坏力极强，潮流和巨浪可以迅速席卷内陆地区，摧毁建筑、淹没农田、切断人们的逃生路线、颠覆狭窄港口中的船只，甚至会造成巨大的洪灾，严重威胁人身安全，造成巨大的经济损失。我国是风暴潮高发的国家之一，几乎每隔三四年就会发生一次特大的风暴潮灾害。1956 年 8 月，在浙江象山登陆的台风引发风暴潮，给整个浙江东部、上海造成了巨大的损失。到了 60 年代，仅渤海就发生了 3 次特大风暴潮灾。

因此，风暴潮的预报对于海洋安全的重要性毋庸置疑。世界上主要的海洋国家在 20 世纪二三十年代就开始了这项工作，而我国到 70 年代仍对此知之甚少。我们的研究就在这种空白的状态下开启，面对着没有资料、没有理论和实践基础困境，我明白，要想破解这个难题，只能脚踏实地，用笨方法、下苦功夫一步一个脚印地进行。为了获得风暴潮的第一手资料，我与同事绕着渤海湾进行了两次实地考察，走遍渤海周围的 40 多个县市，行程超过 4000 千米，其中一半多是徒步跋涉的。我们走街串巷向渔民、农民和盐民了解风

冯士筰（左二）和同事在海边考察

暴潮的常识；走访当地政府、查阅当地县志，寻找有关记载；还反复到水利部门和验潮站搜集有关数据。我们在夜以继日的奔波中终于获得了国内第一批关于风暴潮灾害的珍贵资料。

但要真正攻克这个难题，还要从源头上搞清楚风暴潮的发生机制，建立数学模型，进而科学准确地预测预报。通过对比研究，我发现我国南方风暴潮大多由强台风引起；而在北方，寒潮也能在渤海掀起

风暴潮。虽同为风暴潮，但二者的动力源和引发机制并不尽相同。1975年，我与合作者根据这个发现撰写了一系列的报告和论文，系统论述了风暴潮的概念、理论和数值预报的数学模型，建立了超浅海风暴潮理论。这是我人生中第一个重大的科学项目。研究成果得到了国家的认可，获得国家自然科学奖三等奖。这极大地激发了我继续深入研究该课题的动力和信心。为了更加系统地呈现这些研究成果，1982

年，我写成了《风暴潮导论》一书。我的初衷就是想与物理海洋、海洋气象、海洋工程等相关学科的研究生和科技工作者分享我的成果，为他们的学习和工作提供一点借鉴和参考，也使更多人了解和关注风暴潮研究。

此后，我和合作者继续攻克与风暴潮相关的国家"七五"项目和"八五"项目，旨在用科学研究制服风暴潮这个"脱缰的野马"，保护沿海人民的生命财产安全，同时也为我国的物理海洋研究跻身世界一流增添砝码。

冯士筰 编著

冯士筰编著的《风暴潮导论》

全新的挑战：拉格朗日余流

1983 年，是一个不寻常的年份，当时我作为访问学者飞往美国旧金山，同美国相关单位开展为期一年的合作。这次合作使我接触到一个全新的科学研究领域——拉格朗日余流及长期物质输运。这是当时学界最有争议的前沿课题之一。所谓余流，就是海流中除去潮流后所剩余的部分，通常由径流引起。经过与其他研究者的深入交流，加上我个人的知识积累和实践经验，我敏锐地意识到这个课题不仅

冯士筰（左二）美国访学期间与合作者探讨问题

关系浅海动力学本身，而且涉及环境、生态等重要领域，甚至还会动摇物理海洋学某些最基本的概念。面对一个全新的课题，我感到非常激动，有着无限的热忱。这也是作为研究者最幸福的事情——不断攻坚克难、超越自我，向着更高处发起冲击。

在长期的钻研下，我与中外合作者在前人研究成果的基础上，解析了欧拉余流理论的缺陷，深入分析了拉格朗日余流和欧拉余流的本质差异，提出了一种拉格朗日余流和长期物质输运的理论模型，导出

了一个全新的长期物质输运方程，引起了国内外学者的讨论。回国后，我马不停蹄，在已有的基础上开始了重新建立近海或河口环流理论的研究工作。此后的 10 年，我将大部分的精力倾注于这个课题，渐渐有了一些新的发现。在研究中，我建立了以拉氏时均速度的最低阶近似——物质输运速度来体现浅海环流速度基本场的新理论框架，导出了浅海潮生－风生－热盐环流基本方程组，建立了一种新型的长期的输运方程。

这些研究成果得到了学界和业界的肯定，并且很快就应用于实践。方程模型可以用来模拟和预测海湾的时间平均浓度场以及生态系统对营养盐负载的响应机制等，同时也对中国陆架海环流研究提供了借鉴。此外，这还为近海污染物理自净、悬浮物质输运、海洋环境预测和近海生态系统动力学等诸多方面，提供了海洋环境流体力学的理论参考。我相信，比起取得的荣誉，对相关研究的实际推进才是对研究者最好的褒奖，也正是以此为目标，广大的科研人员才能步步攀登，屡创佳绩。

1997 年，我有幸当选为中国科学院院士，当时我正步入花甲之年，确定了海洋环保的新方向，聚焦于关乎人类生存和科学发展的海洋健康问题。在研究之外，我与同事们力图突破传统的物理海洋学、化学海洋学、生物海洋学和地质海洋学领域的边界，进入多学科融合的新领域，拓展我国海洋科学研究领域，推动我国环境海洋学学科的发展。

我非常愿意和青年学子相处，如今已从教近 60 年，看到后辈海洋人延续着代代相继的海洋强国梦，不断有新的突破创新，我感到非常欣慰，也希望年青人能够在科学世界中探索，并把它当作是人生的乐趣。"心系大海连天碧，符号数字皆诗情"。我的学术历程算不上波澜壮阔，但称得上丰富、充实，幸运地赶上国家的科技风潮，能尽我所能发展海洋事业。如今，希望更多优秀后辈乘风而起，在海洋科学领域劈波斩浪、勇创辉煌。

冯士筰在课堂

砥志研思，破浪前行

海水养殖专家　赵法箴

科学家简介

赵法箴，中国工程院院士，海水养殖专家。现任中国水产科学研究院黄海水产研究所名誉所长，中国水产科学研究院首席科学家。曾任农业部海水增养殖病害与生态重点开放实验室主任，中国水产学会副理事长，中国农学会常务理事，中国海洋湖沼学会常务理事，农业部科学技术委员会委员，中国工程院农业、轻纺与环境工程学部常委，青岛市第八届人大代表，山东省第五届人大代表，第七届至十届全国政协委员等。

赵法箴院士长期致力于海水养殖理论与技术的研究，主要从事对虾实验生态及科学技术研究。他阐明了中国对虾早期发育生物学和生态学特征，为突破对虾全人工育苗技术奠定了理论基础；率领科研团队创立了中国对虾工厂化全人工育苗技术体系，实现了高效、稳定、大批量苗种的生产，为我国对虾养殖产业的发展提供了技术支撑；提出了一套适合我国国情的对虾养殖生产工艺，推动了对虾养殖产业的发展，为我国成为世界第一养虾大国做出了突出贡献。近年来，赵法箴院士指导、参与完成国家科技攻关计划、国家 863 计划和国家重点研发计划等项目的研究，推动了中国对虾养殖的"二次创业"。1978 年获全国科学大会奖、1985 年获国家科学技术进步奖一等奖、1987 年获国家科学技术进步奖二等奖、1988 年获世界知识产权组织金奖、1986 年获国家级有突出贡献中青年专家称号、1990 年起享受国务院政府特殊津贴、1997 年被选为山东省专业技术拔尖人才、2004 年获光华工程科技奖、2008 年获中华农业英才奖且被评为中国水产科学研究院"功勋科学家"，2012 年获青岛市科学技术最高奖等荣誉。

结缘海洋科学研究

回顾在水产科学领域中漫长的研究经历，一直以来，我所聚焦的项目是"对虾实验生态及科学技术研究"，简单地说就是怎么让人们更加科学高效地养好对虾，在增加对虾养殖产量、提升经济效益的同时，将更加优质且价格亲民的对虾送上老百姓的餐桌。"对虾"这看起来普普通通的节肢动物，成为我科研路上毕生追逐的一大主题。对此你或许会有些许不解：作为家常海鲜的对虾，能有什么门道？事实上，即便是这样小小的生物，与它相关的培育、养殖、生产却大有乾坤。它不仅仅是一种食物，更是代表了海洋渔业的技术发展水平，以及大规模水产养殖带来的产业效应。而不断推进这项事业的进步，则成了我在科研路上孜孜以求的目标。

我所说的"对虾"，指"中国对虾"，又称东方对虾。虽然如今是海鲜市场上随处可见的海产品，但在 20 世纪五六十年代，对虾还是稀缺的海珍产品，主要靠天然捕捞，产量较低，并不能满足人们的日常需求。因此，如何有效实现对生长环境要求极高的对虾的人工养殖，成为当时亟待解决的技术难关。1958 年，我从山东大学水产系毕业，被分配到中国水产科学研究院黄海水产研究所。我怀着满腔的抱负，想在水产科学领域做出一番有意义的事业。当时，我接到的第一个研究项目就是"中国对虾幼体发育形态研究"。我凭借着大学时期积累的专业知识基础和探索的热情投入其中，最终通过深入细致的观察，描绘并阐述了中国对虾幼体 26 期的发育变态及生活习性，为当时对虾人工育苗的技术突破贡献了一些力量。经过这次科研的"首胜"，我信心倍增，干劲十足，而这也使得我与对虾这个奇妙的小生物结下了不解之缘，它的养殖难题就成为我下一个攻克的目标。

在完成第一个项目后不久，我和同事们就接下了对虾养殖技术研发的重担。面对这一几乎从零开始的挑战，我们别无选择，只能从最基础的研究做起，在细微之

海洋科学家手记（第二辑）

赵法箴（右一）到对虾育苗工厂考察

处寻觅突破的可能。我身为对虾养殖研究组组长，带领研究组的同志到山东日照石臼所的试验场进行养殖试验。通过反反复复的观察、推演、计算和总结，加上此前研究的基础，我们最终弄清了对虾从产卵孵化到虾苗发育中所需的主要条件，总结出对虾人工育苗中"种、水、饵、管"4个方面的关键问题，并破解了对虾各幼体阶段所需饵料的基本种类等技术难题。冲破了这个技术阻碍，对虾的人工养殖不再是空谈。我带领研究团队乘势而上，连续攻破小型、中型和大型水面对虾养殖难关，确立了一套适合我国情况的对虾养殖生产工艺，逐渐从山东省推广到全国。由此，中国对虾养殖业正式诞生，对虾养殖户如雨后春笋般涌现，对虾也逐渐从海珍品摇身一变，成为广为普及的经济产品。

意外发现，提升虾苗成活率

但是，对虾养殖业的兴起并不意味着它的发展就此顺风顺水，一系列的技术难题仍然亟待解决。以此为起点，为了进一步提高养殖对虾的单位产量，我继续投身于对虾养殖高产试验和开发饵料的研究。随着研究的不断深入，人工育苗成活率低的问题非常明显地暴露出来，这意味着对虾大面积养殖的成本和效益难以得到提升，单位产量仍处于较低水平。

1967年，我继续以对虾养殖组组长的身份在日照养殖基地展开长期的研究。最终，我们有了一个重大发现。当时，我们通过捕捞海里的浮游生物来喂养虾苗，因为这已经形成惯例，所以我们并未意识到这方面可能潜藏着问题。然而，在一次观察中我意外地发现这些浮游生物当中混杂着许多螃蟹幼体，而这些幼体却比虾苗强壮得多，它们常常将虾苗当作食物吃掉。我当即意识到，这或许就是造成虾苗成活率低的原因之一。带着这个假设，我们在此后的捕捞中调整了捕捞网网眼的直径，将螃蟹的幼体排除在外。果然，虾苗的成活率因此得到提升。这个小小的发现为我们的人工育苗工作扫清了一个重要的阻碍，这在增强我们的研究信心的同时，也提醒我们要抓住每个不起眼的细节，在翔实的数据支撑下推动技术的进步。

以此为契机，在之后的近10年间，我与研究团队辗转石臼所、即墨、文登、崂山等地进行养殖试验，先后完成了对虾人工育苗养殖与开发饵料、养殖技术、精

赵法箴（中）与同事观察对虾幼体

养高产技术等研究，总结出彻底清除敌害生物和掌握好育苗水质是提高对虾出苗率的两个重要环节，而满足幼体的饵料需求是提高出苗率的关键。有了这些理论和技术的支持，我国的对虾养殖先后突破亩产250千克、400千克和500千克大关，单位产量实现了突破性的飞升，规模和质量也得到了保证。全国范围内养虾热潮风靡，对虾养殖业发展得如火如荼，我国的海洋水产业也由此迈上了一个新的台阶。团队的努力没有白费，以上的成果于1978年获得了全国科学大会奖、山东省和青岛市科学大会奖，于1982年获国家科委授予的农业科技推广奖。

这些成绩固然可喜，但我并没有时间沉浸于欢乐和自豪当中，而是马不停蹄地思考随之而来的各个问题，推动对虾养殖技术取得新的进展。

育苗、饵料难题，逐个击破

随着我国对虾养殖业的逐渐成熟，对虾养殖面积不断扩大，以往仅靠自然捞捕获取虾苗的方式显然已经无法满足养殖的需求。这种方式还对自然资源有很大的损害，并不是长久之计。因此，攻克工厂化育苗技术又成了当务之急。1979年底，全国对虾养殖工作会议召开，我针对对虾育苗攻关问题进行发言，详细论证和阐述了开展对虾工厂化育苗的重要性和可行性，并当即立下"军令状"，要在两到三年的时间内攻克这个难关。1980年，"对虾工厂化全人工育苗技术研究"国家攻关项目成立，我肩负起这个重任，立马调度团队"出征"，势要"过关斩将"，夺取胜利。经过整个团队艰苦卓绝的奋斗，对虾工厂化全人工育苗技术如期在两年内取得重大突破，实现了高效、稳定、有机化大批量苗种的生产，从根本上改变了我国长期依赖捕捞天然虾苗养殖的被动局面。在该项技术推广的第一年——1982年，我国对虾人工育苗量就比 1979 年提高了 52 倍。这使我国一跃成为世界上人工虾苗量最高的国家之一。这一惊人的飞跃，是整个团队不舍昼夜付出的心血换来的，真正为养殖户带来了利益，对我国水产养殖业做出了贡献。

但是，这仍然不是对虾养殖技术发展的终点。随着养殖规模的扩大，天然饵料带来的问题又浮现出来——大量从海中捕捞的鲜活饵料投喂不仅污染水质，还对幼鱼、贝类等资源造成损害。对此，我带领团队开展了"对虾人工配合饵料"的研究，成功解决了饵料的难题。此外，当时

赵法箴（右一）在对虾养殖池塘考察

国内市面上流行的对虾品种经常发生白斑病，严重影响对虾养殖的经济效益。在我的带领下，黄海水产研究所科研团队开展了对虾良种选育研究，经过不懈的努力，于 2003 年成功培育出国内第一个海水养殖动物新品种——中国对虾"黄海 1 号"。这意味着我国海水养殖动物选择育种研究不再是空白，我们拥有了自己培育出的优质对虾品种。这项成果可以说是意义非凡。实践也确实证明了"黄海 1 号"品种的优越性：和普通对虾相比，该品种生长速度快、个头大、产量高，且抗病、抗逆性强，成活率高。据统计，2006 年到 2008 年间累计推广养殖面积超过 15 万亩，产值过 10 亿元，完美实现了变科技为生产力的科研理想。

科技从来不是静止不变的，而是需要不断地革新和发展，以匹配复杂的社会实践。"兵来将挡，水来土掩"是对科研工作的最好描述，只有直面科研路上的重重难关，凝心

赵法箴（中）在对虾养殖池塘考察

聚气、蓄势待发，才能如愿取得真正的突破。而我这 60 余年的科研生涯，可以说是"一生只做好一件事"，就是把对虾养殖这件看起来稀松平常的事情做到我所能达到的极致，为这项事业的发展添一把旺盛的火，让人们看到这束光，感受到它的温度。当然，科研并不是闭门造车，作为与行业实践紧密贴合的研究，我免不了要深入一线，跟真正依靠养虾来生活的养殖户们打交道。几十年来，我几乎走遍了全国沿海的各个渔村，不断地观察、交流、记录，力图为养殖户带去真正的效益。我也撰写了一些有指导意义的书籍，包括《对虾幼体发育形态》《对虾养殖》《中国对虾养殖与增殖》等。如今我年过八旬，或许已难以继续用脚步丈量真实的土地，但心中探索科学的火仍未熄灭，我国水产科技事业仍需发展，科研团队也要进一步培养，只愿能尽我微薄之力使薪火永续。

逢机遭会，深耕蓝色沃土

水产动物营养与饲料专家 麦康森

科学家简介

麦康森，中国工程院院士，中国海洋大学教授，水产动物营养与饲料专家。

麦康森院士一直从事水产动物营养与饲料的教学和研发工作，在探索我国水产动物营养研究与饲料工业发展模式，研究并构建重要养殖代表种的基础营养参数公共平台，开创贝类营养研究新领域，技术集成与创新成功开发鱼粉替代技术、微颗粒开口饲料配制技术、环境和食品安全营养调控技术，以及成果产业化推广和人才培养等方面做出了重要贡献。

麦康森院士

水产动物营养与饲料专家　麦康森

结缘海洋科学研究

人在回忆过去的时候，免不了感叹时光的易逝，用"人生""命运""宿命"等词语感慨境遇的多变。和宇宙洪荒相比，一个人所能掀起的波澜显然微不足道，但我们总能以自己的方式来证明曾有过的努力与坚持的意义，把过往的经历书写成一部恢宏的"史诗"。对我而言，这部"史诗"是由一些极其普通的小事构成的。回顾几十年的科研生涯，在实验室、饲料厂和养殖场留下的脚印与汗水，和学生们交流探讨的场景，学术论文得以发表时的雀跃，成果转化使得企业取得显著效益时的欣喜等都还记忆犹新。

放牛娃情结书山有路

我出生于粤西的边远农村，是村里梧桐小学 1964 年的第一届新生。虽说是小学，但既没有固定的教室，也没有像样的桌椅。教室或是生产队晒场旁边暂存稻谷的小屋，或是存放有机肥的陋室，须依农忙或农闲时节不断更换。"书桌"和"椅子"由学生各自从家中搬来，有门板（用砖头架起）、方桌、圆凳、长椅……五花八门。教师是村里上过耕读识字班的农民。小学 6 年中，仅第一学年有过正式教材，之后作为"教材"的《毛主席语录六十条》、"老三篇"和毛主席诗词给我留下了深刻的时代记忆。初中两年与高一是认真读书的 3 年，用的是"文革"前的教材，教我们的是正规师范院校毕业的老师和没有高考机会的"老三届"。

1974 年夏天，16 岁的我高中毕业，带着惆怅和迷茫，恋恋不舍地离开了校园。动荡的年代里没有高考，这意味着我所能接受的学校教育就此结束。熟悉的教室逐渐远去，知识之门似乎也向我徐徐关闭……但我并未就此放弃对知识的追求。回乡务农 4 年，滚了一身泥巴，磨了一手老茧，仍然遇书必读。那时候的农村，几乎无书可寻。一旦碰到一本书，不管是新旧小说、历史掌故，还是科学常识、天文地理、医药卫生，便通宵达旦、如饥似渴

海洋科学家手记（第二辑）

地阅读，以此丰富匮乏的精神世界。在那个食不果腹的年代，我仍会节衣缩食，偶尔买几本喜爱的书，尤其一些有助于将来摆脱贫穷的技术类书籍。几年下来，一方陋室里的藏书也显得"汗牛充栋"了。那个时代的粤西农村，人人都为温饱而奔波，我这个似乎不知道"锅儿是铁打的"的少年居然还有空读闲书，也算一朵"奇葩"。

落榜生遨游学海无涯

　　幸运的是，1977年，中断了10年的高考制度得以全面恢复。我随着570万精神振奋的考生"大军"参加了当时世界历史上最大规模的考试。虽然发现不少考试内容我没学过，但我考得还不错。县里公布高考入围名单时，我居然名列榜首，这令我大喜过望，甚至有点飘飘然的感觉。当时不公布分数，我并不知道名单是按什么排序的。我村方圆数十里没有人上过大学，更无填过高考志愿的人可以请教。也许正是这个"榜首"让我不知"天高地厚"，填志愿时专挑一些"高大上"的大学和专业。到1978年春，录取工作结束时，多数入围者都收到了录取通知书，而我这个

"榜首"竟然名落孙山，失落之情无以言表。这段"先扬后抑"的人生经历给了我一个重要启示：凡事别高兴太早，一定要脚踏实地，切忌好高骛远。

　　1978年我再次踏进考场。很幸运，机会再一次眷顾了我。有了前车之鉴，我填志愿时选了南方人不喜欢的北方的大学——山东海洋学院，选择了多数人不喜欢的专业——海水养殖。那年，我终于如愿以偿，再续校园读书梦。

　　希望从破灭到重燃，个中滋味只有亲身经历者才能体会。对这来之不易的机会，我倍加珍视。因为没有多少选择，"干一行爱一行"是那个年代的特征。我在大学期间坚定了一个信念：自然科学的不同研究领域、不同方向都是平等的，没有高低贵贱之分，其目的都是认识自然、利用自然、造福于人类。

　　对于数千里外的南方老家，大学4年里我仅回过一次。不是我不思乡，更不是家人不念我，而是实在付不起40多元的路费。回不了家，我正好有机会利用假期参加老师的科研工作，学到了许多一般大学生学不到的知识和技能。大学毕业时，

麦康森在实验室

系里正好恢复招收硕士研究生，国家再次给了我一个继续深造的机会。摆在我面前有两个选择：是按国家分配参加工作，还是报考研究生？一个连一张火车票都买不起的农村家庭，多么需要一个能挣工资的人啊！然而，我选择了继续求学，成了当年水产系招收的3名研究生之一。我选择的研究方向是我国刚刚创建的水产动物营养与饲料学，师从该学科的开拓者之一——李爱杰教授，潜心研究对虾的营养生理与配合饲料。

7年的学习与研究生活让我跨进了科技的门槛，感受到了科技的巨大魅力。一个饲料配方，就可为企业每年创造数千万元的利润；过去用3斤饲料才能养出1斤对虾，现在饲料用量可减少2/3，既节省了成本和资源，又保护了环境。在谈到什么是"知识经济"时，我说："节省这两斤饲料的就是知识。"我国水产动物营养与饲料工业的进步保障了"世界头号水产养殖大国"水产养殖业的健康持续发展，这就是"把论文写在池塘里"的例证。

科学研究的世界向我展示其深邃与宏远，我的视野也逐渐从一方鱼塘转向那广袤无垠的海洋，欲去探索这片充满无穷奥妙的神往之域。

重洋梦迎来春深似海

改革开放是中华民族伟大复兴路上的一个历史性转折点。我们这代人，大都对出国留学深造充满期待与向往。我想，出国留学可以学习发达国家的先进科学技术，可以吸收丰富多彩的优秀文化，还可以拓展我们的视野、优化思维模式。

1986年，山东海洋学院已经成为水产学科的博士学位授权点，老师们也邀请我继续攻读博士学位，但是我思变，想换一个地方学习，感受不同的科技与文化环境，尤其要走出国门去领略这个大千世界。

1990年，我决定远赴爱尔兰国立大学留学深造。攻读博士学位期间，我选择了鲍作为研究对象。这既是我国与爱尔兰海水养殖发展的需要，又是比较动物营养学中的贝类营养学的空白。我的研究纠正了一些传统的认识误区。例如，一些较早使用人工饲料养鲍的国家（日本、澳大利亚等）在饲料中添加大量的水溶性维生素（如维生素C、肌醇等），以弥补鲍摄食缓慢造成的水溶性维生素溶失。我的研究证明，与大多数水产养殖动物不同，鲍具有自身合成维生素C和肌醇的能力，无须在饲料中补充，可以显著地节省饲料成本。回国后，我开创以鲍为代表的贝类营养新领域，得到国家自然科学基金委的连续资助，所获得的一系列成果得到了国内外同行的高度认可。

2000年，在南非开普敦召开的第四届国际鲍生物学与产业学术讨论会上，我"舌战群儒"，经与会者现场投票，击败新西兰、日本等强劲对手，使得我国夺得第五届国际鲍生物学与产业学术讨论会的主办权；2006年在法国比亚里茨（Biarritz），我国夺得2010年第十四届国际鱼类营养学术研讨会的主办权。这都是我国首次获得这两个国际学术会议主办权。我当选国际鲍学会理事，先后当选第十四届国际鱼类营养学术委员会理事、副主席。我深深地体会到：我国要在国际学术组织中有话语权，必须以学术实力为基础。

绿科技喜结蓝色硕果

1994年，在参加一个海水养殖国际会议期间，夏威夷大学一位教授对我说："我们美国注重滩涂海岸保护，而你们在大规模地建造鱼塘、虾池，破坏滩涂海岸。其实我们的目的是一致的——赚钱，然而我们赚的要比你们多得多，而且更长远。"我听进去了这句逆耳忠言。20世纪90年代是我国水产养殖业快速但无序的发展期，片面追求高产、不关注环境保护、过度消耗资源的发展模式必将威胁我国水产养殖业的健康持续发展与产品质量安全。

1995年获得博士学位后，我毅然回国，并思考如何将绿色可持续发展的理念引进我国的水产养殖生产。适逢国家水产领域"十五"发展规划制定，而我有幸参加。针对我国水产养殖种类众多的特点，为迅速提高饲料效率，我提出了"选择代表种、统一研究方法、系统研究、成果辐射"的建议。这一建议得到采纳，推动了我国独具特色的水产养殖动物营养研究的发展和饲料工业体系的创立。

我与同行一道，经过4个"五年计划"的研究与实践，基本完成了我国重要水产养殖代表种的基础营养参数公共平台的建

2010年麦康森到饲料企业考察

设，为大多数水产养殖动物饲料配方的制定奠定了科学基础。通过集成与创新，成功开发鱼粉替代、微颗粒开口饲料配制与保障环境和养殖产品安全的无公害生产等系列技术。

我经常亲临生产一线，参与工程设计，为优化工艺流程、制定管理措施出谋献策。在这个过程中，我目睹这些理论与技术创造了巨大的经济、社会与环境效益，同时也培养了大量的高层次人才，感到无比欣慰。

虽然我国水产动物营养与饲料的研究

1999 年麦康森在宁波象山大黄鱼养殖场

起步比西方发达国家晚了半个多世纪，但是我国水产饲料产业仅用 30 年时间就完成了从无到有、从小到大，直至雄踞世界第一的波澜壮阔的发展过程。

兼数职吾终初心不改

诚然，科学技术是第一生产力，很重要！然而，管理水平可影响生产力水平的发挥，管理也是一门科学，同样很重要。但是"物有所不足，智有所不明"，未必人人都合适做管理工作。我曾任青岛海洋大学（现中国海洋大学）副校长 3 年多，就深感力所不逮。我借任"长江学者奖励计划"特聘教授之机，辞去了副校长之职，

专心从事教学与科研。此举引来了不少诧异的目光。

2003 年全国人大会议上，我有感而发："搞科研的人不应太早地离开实验室。如果让过多的科技尖子去做官，势必加剧我国人才短缺的状况，而且科技尖子还不一定能把'官'做好，造成两种人才的浪费。"我呼吁从年龄上"解放"科研人才，

麦康森（左一）在实验室指导学生做实验

避免用"晋官"来体现对人才的重视，这才是一种成熟的社会心态。我想，作为人大代表就应该为所代表的群体发声。

在课堂上我常常跟学生讲的一个"笑话"是：我姓麦（mài），当教授就是"mài教授"，做学问就是"mài学问"，搞科研就是"mài科技"，有成果就"mài专利"；所以，我最好不要当官，否则就是"mài官"了。

科技工作者要有强烈的社会责任感。人大代表和政协委员责任更大，需参政议政、共商国是，反映社情民意，代表人民的利益和意志。我始终利用我的专业知识履行人大代表或政协委员的职责。

食品安全是长期困扰我国百姓生活的大问题。2007年在中国水产学会学术年会上，我曾预言："国内的水产饲料和其他动物饲料都存在添加三聚氰胺的问题，奶粉中也可能含有三聚氰胺。"2008年9月，三聚氰胺问题奶粉事件震惊全国，我的预言得到了印证。我之所以有这个判断，是因为在当时的调查中发现市场上的蛋白质原料存在造假售假问题。

我国作为人口大国，食物资源并不充裕，保障食物供给是国家长远战略需求。因为水产养殖是饲料效率最高的动物生产方式，所以大力发展水产养殖符合我国国情。然而，我国是人均耕地面积与淡水资源匮乏的国家，近海环境也已经受到不同程度的污染。因此，我于 2011 年和 2013 年分别在中国工程院会议和全国人大会议上提出 把网箱挂到深远海，大力开拓深远海养殖新空间，活跃我国海洋国土的民事活动存在，屯渔戍边，保障国土安全。如今目睹由北到南，企业纷纷进行深远海养殖战略性投入，探索构建深蓝渔业生产方式，我深感欣慰。

2014 年我通过全国人大建议立法禁止直接用冰鲜杂鱼作为饲料养鱼，避免渔业资源枯竭、养殖环境污染、病害滋生与食品安全威胁。我的这个建议被国务院批准，纳入农业农村部等 10 部委 2019 年联合印发的《关于加快推进水产养殖业绿色发展的若干意见》。

我参与的中国工程院的"中国海洋工程与科技发展战略研究"重大咨询项目项目组于 2012 年初向十八大报告提出"制定和实施海洋大开发战略，拓展国家发展空间，增加国家战略储备，建设海洋强国"的建议。党的十八大报告首次提出了"建设海洋强国"。如今，建设海洋强国已上升为国家发展战略，蓝色经济日益繁荣、

麦康森在第十三届世界华人鱼虾营养学术研讨会上作报告

海洋国土屏障愈加稳固。

"云散月明谁点缀？天容海色本澄清。"却顾所来径，我不过是芸芸众生中的一员，只是在滚滚向前的时代洪流中抓住了一些关键机会：高考、读研、出国留学、回国任教、科研服务……我脚踏实地、步履不停，所走的每一步何尝不与祖国的前途命运、中华民族的伟大复兴紧密相连？既改变了自己的命运，又能有益于大众、报效祖国，是觉幸甚。

我始终坚信，在不远的将来，我们这个海洋大国必将成为在开发海洋、利用海洋、保护海洋、管控海洋方面拥有强大综合实力的海洋强国。

向海而生，建海兴国

海洋生物学家 相建海

科学家简介

相建海，海洋生物学家和甲壳动物学家，中国科学院海洋研究所研究员，博士生导师。曾任中国科学院海洋研究所所长、中国海洋湖沼学会理事长，第八届至十一届全国人大代表。

相建海研究员自 1982 年从德国留学归来，投身于我国海洋生物学研究、生物技术研发和相关科技成果转化实践，40 年来如一日。开创了对虾细胞工程育种，首次批量诱导出三倍体对虾并养成，在海洋动物细胞工程、分子遗传学和组学研究上取得突破。倡导并力行海水养殖种子工程，为推动实现海水养殖产业化尽心尽力。20 世纪 90 年代中期参与组织了我国海洋生物领域国家高技术研究发展计划（863 计划）项目的实施，担任过 863 计划海洋生物技术主题专家组组长、资源环境领域专家委员会主任。两次任国家重点基础研究发展计划（973 计划）首席，带领团队在群体、个体、细胞、分子多层次水平上揭示病原、宿主和环境相互作用的复杂关系和海洋生物免疫调控机理，推动了我国海洋生物病害与免疫学研究由落后状态跨入

国际前沿，为海水养殖业健康、持续发展提供了坚实的理论基础。参与了海洋领域国家中长期科学和技术发展规划的制定，负责组织编写"十五"和"十一五"海洋高技术战略报告和"十二五"国家海洋农业专项战略规划；担任了中国科学院《中国至 2050 年海洋科技领域发展路线图》编写组组长。出版专著 8 部；发表论文 300 余篇，其中科学引文索引（SCI）数据库收录 200 余篇。先后获国家技术发明二等奖 1 项，省部委一等奖 3 项，二等奖 5 项；国家授权专利 45 个，美国发明专利 2 个。获国审虾类新品种 3 个，推广示范效益良好。

相建海研究员指导博士后研究人员 12 人，博士、硕士 50 余人；2008 年被中国科学院研究生院评为"杰出贡献教师"。1993 年起享受国务院政府特殊津贴。曾被评为全国优秀留学回国人员、全国科技先进工作者。2016 年获曾呈奎海洋科技奖突出成就奖；2017 年获"国际甲壳动物学会杰出研究贡献奖"；2019 年获"庆祝中华人民共和国成立 70 周年纪念章"。

结缘海洋科学研究

求知若渴，苦学实干，不负韶华，不负机遇

我籍贯是山西永济，出生在四川阆中。父母是医务工作者。1956 年，我跟随调到四川农学院工作的父母到了雅安。从小学到中学，我一直对世界充满好奇心。除认真学习学校课程外，我广泛涉猎课外读物，如《水浒传》《西游记》《三国演义》《儿童时代》《少年文艺》《知识就是力量》《科学大众》《科学画报》《十万个为什么》等。即便是在挨饿的三年困难时期，我也没有放弃阅读。1959 年至 1964 年我就读于省属中学——四川雅安中学，成绩在班级名列前茅，尤以数学、物理、化学、生物等理学科目为优。加上喜好收集矿石和制作小模型、半导体收音机等，我被同学们戏称是"科学脑袋"。说真的，我那时的梦想就是成为一名科学家。

"建海"乃父母为我起的名字。"建"系家谱中辈分所定，"海"则体现了父母祈盼我能向海而兴的美好愿望。查《说文》知："海，天池也，以纳百川者。"

1964 年 9 月我考上南开大学生物系动物专业，从四川盆地来到了渤海之滨、海河之畔读书，与海沾上了边。如一切顺利，毕业后我有望从事向往的科研工作。尽管理想很美好，但是现实很骨感。世事难料。大学二年级我们被卷入了"文化大革命"。1970 年 7 月，我大学"毕业"，被分配到处于崇山峻岭的贵州六盘水地区接受工农兵再教育。20 世纪 60 年代，面对外来战争威胁和西方封锁的双重挑战，党中央提出加快"三线建设"的战略部署。六盘水是我国"三线"建设中主要的能源基地。中国抚顺十一厂由辽宁省迁入贵州盘县火铺镇（火铺镇现已撤销，属于六盘水盘州市胜境街道）并更名为六七一厂，是国家重点民爆企业，"三线"建设时期为解决西南地区矿山开采和公路、铁路建设提供所需火工产品，为国家能源事业做出了巨大贡献。当时的六七一厂因所在山顶有一方小小湖泊，故代号"天池农场"。

冥冥之中，我与"天池"结下8年不解之缘。起始几年，我与工人师傅一起开山砸石，筛沙和泥，砌墙抹灰，在山沟沟里建起一排排车间和厂房。工厂试产后，我被分配到生产雷管的二车间，冒着危险到合成生产起爆药、卷制纸管、制作焊接起爆线、压制炸药柱、装填雷管等9个班组实习。一方面我向工人师傅虚心求教、认真实践，另一方面刻苦自学、钻研，很快掌握了雷管生产的技术和工艺，成为工人喜爱、工厂信任的技术员、助理工程师。身处山沟沟的这8年中，我坚信"知识有用"，自信"天生我材必有用"，珍惜工余的点滴时光，在简易的牛毛毡宿舍里和昏黄的灯光下，以床边摆设的衣物箱为书桌，孜孜不倦地学习高等数学、英语、有机化学等课程。

1977年恢复高考，1978年又恢复了研究生招考。同在六七一厂工作的我的夫人承担了包括照顾两个孩子的沉重家务，坚决支持我报考南开大学生物系研究生。从3月份报名到5月份应考仅仅两个月左右的时间里，我必须准备生物化学、无脊椎动物学、英语和政治4门功课，其中生物化学需要从头学起。当然，我还要完成车间日常工作，安全和质量不能出半点纰漏。争分夺秒、高效学习成为唯一可行的途径。出差大同的一个多星期为我提供了宝贵的、较为完整的学习时间：火车上手不释卷，旅馆里伏案夜读……5月15日，我到远离六七一厂90多里的盘县参加了考试。"谋事在人，成事在天"，功夫和机遇不负有心人。我以第一名的成绩（生物化学85分，无脊椎动物学76分）通过初试。6月份我去南开大学参加复试，再获优秀，成为顾昌栋和张润生先生"文化大革命"后招收的第一届研究生。做梦也没想到的是8月下旬在收到南开大学录取证的同时，我还收到一份选派出国研究的通知，要求9月15日在天津参加全国英语水平考试（EPT）。我大学一年级时才由俄语改学英语，且仅学了3个学期，底子很薄。但得益于从未未中断过自学，这次笔试与口试成绩均过线，且在南开大学生物系参加考试的师生中排名首位。

在上海外语学院德语培训过后，1980年5月，我们获得原西德科学交流处（现德国学术交流中心，DAAD）奖学金的一

1980 年 5 月国家派出的获 DAAD 奖学金赴德学习的研究生（前排左一为相建海）

行十余人乘火车穿过苏联，来到德国。我学习的专业是水生生物学，导师是兼任德国弗莱堡和康斯坦茨两个大学教授的 Schwoerbel。康斯坦茨大学水生生物研究所位于德国、奥地利和瑞士交界处，美丽的博登湖（Boden-See）畔。德语中"See"也是海的意思。留学期间，我认真修完了德语、水生生物学、生态学、中欧动物志、计算机编程等课程，在导师指导下独立完成共存于同一溪流中两种石蚕幼虫生态学的研究，用德语撰写出题为"Phäenologie und Nahrung der Larven von *Hydropsyche angustipennis und H.siltalai* (Trichoptera, Hydropsychidae) in einem Seeabfluss"的论文，发表在国际期刊 *Archiv Für Hydrobiologie* 上。

按照当时国家的规定，公派出国研究生在国外学习两年就必须回国服务。由于我夫人原籍青岛，回国前我联系了中国科学院海洋研究所（以下简称"海洋所"）的刘瑞玉和郑守仪先生，询问服务于海洋所的可能性。两位先生很快回应，热情欢迎我来所工作。我于 1982 年 10 月按时到中国科学院报到，从此真正走上了认识海洋、研究海洋的征途。

留学德国时的相建海

Schwoerbel 教授（前左二）携夫人（前左四）和研究组同事欢送相建海（前左三）回国留影

守正创新 求真图进

刚到海洋所，我就加入了刘瑞玉先生创建的无脊椎动物室底栖生物组，随即投身于曾呈奎、刘瑞玉先生倡导的海洋水产生产农牧化构想的实践中。1977年，曾呈奎先生在《海洋科学》上著文指出，海洋水产生产农牧化研究是海洋科学的新动向，是我国海洋生物学在新时期的主要任务。海洋水产生产农牧化，就是"通过人为的干涉，逐步地改善或改造海洋局部环境条件，为经济生物的生长发育创造良好的环境条件，同时也对生物本身进行必要的改造，以提高它们的质量和产量"。20世纪80年代初，曾呈奎和刘瑞玉先生承担了中国科学院根据他们的建议设置的重大课题——在山东胶州湾和广东大亚湾南北两个典型海湾进行海洋水产生产农牧化试验。

刚刚从事海洋科学研究的我深感自己知识的不足和机会的来之不易，深知唯有虚心学习、埋头苦干才能胜任工作。从1982年到1985年，我每月定期随课题组到胶州湾开展无脊椎动物资源和环境调查。当时我乘坐的要么是从渔民那租借的150马力的拖网船，要么是海洋所的可搭载五六人的小船"海鹰"号。按照调查计划，物理、化学、地质、浮游生物、底栖动物方面的采样工作同步开展。中低层渔业资源和底栖生物的采集主要靠渔业双船拖网和抓斗式采泥器。我们负责手工用镊子仔细地、小心翼翼地将埋藏在污泥中的动物尽可能完整地一一挑出来。为准确记录海底生物多样性的实际状况，我们要努力做到不使一个动物标本漏网。这是又脏又累、费时费力的工作。其他样品的处理最多半小时就可以完成，而底栖生物样品的处理通常要1个小时左右。刚刚处理好上一个站点的样品，又到了下一站点开始取样。即便在无风的海面上，船也无规则地颠簸，何况海况六七级甚至更高的大风浪天。这对我这个海洋研究"新人"真正是一种历练。在船上就像踩了棉花，头重脚轻。一直低头蹲在又湿又滑的甲板上分类取样，

相建海（前左）和同事在渔船船舱上测量动物样本

风浪稍大，更觉天旋地转、头昏眼花、腰酸背痛、两腿打战。恶心感觉无休止，严重时胆汁都被吐出来了。到了中午吃饭时，我毫无食欲，只想躺一会儿。我深知，这是我探索海洋必须接受的洗礼。适应海上工作和尽快掌握海洋动物分类知识成为我步入海洋所的第一门必修课。在刘瑞玉先生的教育和鼓励下，我努力向研究底栖生物的老同志们学习，较快地掌握了基本的分类知识，逐步适应了海上采样工作。到海洋所前3年，几乎每周出海三四天。我头戴草帽，身着蓝大褂，脚穿解放鞋，全身沾满泥点和鱼腥味，熟练地进行采样和分类，成了海洋所地地道道的"渔民"。

这一期间，我还参加了曾呈奎、刘瑞玉先生主持的胶州湾对虾人工增殖放流首创性试验。1986年我利用组里购进的当时最新式的苹果牌计算机（CPU仅64 K，价格却高达4万人民币），改编了Pauly的ELEFAN程序，基于组里多年积累的中国对虾体长数据，模拟出雌雄对虾各自的生长曲线。我努力踏实工作，得到领导和同事们的认可。当时，我是组里最年轻的。为了让我得到更多锻炼，我被任命为副组长。后面的事实证明，海洋水产生产农牧化的构想与方法对我的海洋科学研究之路影响深远。

在世纪工程三峡大坝修建过程中，中国科学院承担了三峡工程对生态与环境影响及其对策的"七五"攻关项目。海洋所负责研究工程对长江河口区生态环境的影响。我也有幸作为无脊椎动物资源（主要是虾蟹）评估课题的课题组组长参加了研究。1987年至1988年有12个月，我们租用渔民的拖网船，每月出海七八天，在长江口及其附近海域开展调查。利用调查所获数据和收集的长江口历年资源与环境数据，我们科学论证了虾蟹资源与环境的关系，特别是对长江口极为重要的中华绒毛蟹的补充规律和大坝建成后受到的影响进行了科学解析，获得同行的好评。

在工作中，我渐渐对于当时底栖生物研究大多限于野外调查获取样本，对个体和群体样本单纯进行状态描述的状况感到不尽如人意，觉得应该将相关研究深入细胞和分子水平。在这方面，童第周、吴尚勋先生对模式动物已进行了开创性的研究。但在虾蟹等经济动物上实施，还无先

例。考虑到染色体存在于真核生物细胞核中，是携带遗传信息的最基本和最重要的物质，我就从此着手。1986年，在刘瑞玉先生推荐下，我申报了国内率先在中国科学院实施的科学基金制青年项目，获得1万元资助，开始了中国对虾染色体的研究。我用其中4000元购得了海洋所一位刚刚退休的研究员交回的东德蔡司生物显微镜的使用权。这台显微镜带有油镜，能

相建海在实验室开展分子生物学研究

印有锐脊单肢虾（*Sicyonia ingentis*）
染色体核型图谱的 T 恤衫

相建海和标有"我 1989 年夏天在加州 Bodega 海洋
实验室研究虾类染色体"文字的 T 恤衫

较好观察对虾微小的染色体。这项研究没有前人的经验可以借鉴。几经挫折，在克服了对虾染色体小、数目多、中期相不易获得、观察难的障碍后，1988 年我首次得出了中国对虾具有 88 条染色体的正确结果。1989 年我又获得国家自然科学基金 3.1 万元，用于开展经济虾类染色体的研究。在 20 世纪 90 年代，我相继首次揭示了锐脊单肢虾、长毛对虾、短沟对虾、日本对虾、鹰爪虾、刀额新对虾等 15 种虾、贝的核型。1989 年我有机会到美国加州大学戴维斯分校的 Bodega 海洋实验室与著名海洋生物学家 Clark 教授开展了半年的合作研究。基于该实验室较好的锐脊单肢虾研究基础，我独立提出开展该虾的细胞工程育种可行性研究计划，在揭示锐脊单肢虾核型基础上，首次用实验证实了虾类三倍体人工创制的可行性，为虾类细胞工程育种奠定了基础。

研究无止境，认识须深化。在老一辈科学家支持和鼓舞下，我选择了几种重要的虾、贝，奋力开拓，将研究从染色体层面扩展、深入到同工酶、DNA 层面。1991 年国家自然科学基金项目"海水养殖中几类重要生化信号物质的筛选、效应及利用"获得资助，2003 年和 2007 年国家自然科学基金委两个重点基金项目"扇贝、对虾遗传图谱的构建"和"栉孔扇贝高密度物理图谱建立及与遗传图谱的整合"先后获得资助。团队攻坚克难，相继成功开发了多种虾类 RAPD、AFLP、微卫星等遗传标记，发表了栉孔扇贝和凡纳滨对虾首个遗传连锁图谱，构建出栉孔扇贝高密度物理图谱。

人类基因组的破译，极大鼓舞了科学家探索形形色色物种遗传密码的积极性。1997 年美国农业部启动水产动物基因组计划，把重要经济物种对虾、大西洋鲑、鲇鱼、罗非鱼和牡蛎一起确定为研发目标。20 世纪末，作为起草《国际对虾

基因组白皮书》的成员，我就瞄准了对虾基因组研究。在 2000 年左右，我们与华大基因合作，开始了中国对虾基因组一代测序的工作。但由于对虾 DNA 的生化特殊性和基因组高复杂度，得到的序列数据片段化现象严重，组装久攻难克。国际上起初竞相涉足其中的同行团队，渐渐失去耐心，纷纷知难而退。除了对虾以外，其余 4 个物种的全基因组序列已陆续得以报道。美国水产基因组计划协调人刘占江教授 2017 年在发表于 *BMC Genomics* 的一篇综述中写道："所有水产动物基因组中，对虾基因组是最难处理的。DNA 酶活性强、染色体数目多、杂合度高和重复元件多，使人难以分离得到高分子量 DNA。也因缺乏插入片段足够长的 BAC 库，物理图谱构建受阻。"我们十年磨一剑，咬定目标不放松，踏石留印，攻克了道道难关：不断改进 DNA 提取和测序方法；构建长插入片段 BAC 文库和高密度遗传连锁图谱以获得长测序序列；创新复杂基因组组装策略。天道酬勤，测序与组装质量步步提高，终于分别在 2019 年、2020 年国际上首次破译了凡纳滨对虾和中国对虾

基因组，获得了高质量的对虾基因组参考图谱。凡纳滨对虾基因组发表后短短一年被引 142 次，推动了国际对虾基础生物学和遗传育种研究的开展。对虾全基因组破译由中国海洋学会、中国海洋湖沼学会等6 个全国涉海学会联合评选为 2019 年度中国十大海洋科技进展之一。评述认为，成果"为对虾基因组育种和分子改良工作搭建了重要的基础平台"。

相建海（右一）与曾呈奎、刘瑞玉、胡敦欣院士

使命易晓，致远唯艰，不忘初心，方得始终

我有幸进入国家海洋研究殿堂，"报效国家，惠及百姓"就是我的初心。研究海洋不仅仅是为发表几篇论文，更不能率性而为。面向海洋科学国际前沿、面向兴海强海的国家需求、面向蓝色产业是我们应有的价值取向。

邓小平"科学技术是第一生产力"的英明论断成为改革开放不久后国家制定科技战略的理论基础。1997 年，海洋高技术领域被正式列入 863 计划。为了填补我国海水增养殖品种培育严重滞后造成的空白，为了获得经过遗传改良的生长快、品质优、抗病能力强的牡蛎、扇贝、鲍鱼、珠母贝、对虾、牙鲆等新品种，我们联合中国海洋大学、大连水产学院（现大连海洋大学）、黄海水产研究所和中国科学院南海海洋研究所，共同申报了"海水养殖动物的多倍体育种育苗和性控技术"重大专项。该项目成为海洋高技术领域首批立项的重大项目，我和王如才、王子臣教授被推荐为责任专家组组长和副组长。我们的技术思路是在海水养殖动物受精卵发育早期，根据不同动物繁育特性，发明相关技术，精准、巧妙地实施特定的人工调控，实现染色体定向操作，从而诱导出主要海水养殖动物三倍体、四倍体，同时在鱼虾中实现性别控制。

项目组科研人员经过3年的艰苦奋斗，圆满完成了预定任务，在不同物种中突破了细胞工程育种的关键技术，创制了三倍体种质，实现了牡蛎、鲍鱼、珠母贝和对虾等物种的规模化生产，在牙鲆中实现了性别控制，首开了我国海洋水产生物育种的成功先例。2005年，主要海水养殖动物多倍体育种育苗和性控技术获得国家技术发明奖二等奖。

我国的海水养殖业在1949年以来得到长足发展，取得了举世瞩目的成就。海水养殖产量从1987年的192.6万吨增加到1998年的860万吨，占海洋渔业产量的比重从27%上升到36.5%。当时海水养殖产值占我国海洋总产值的一半以上。海水养殖业的发展，大大缓解了陆地农业的压力，增加了劳动就业机会，扩大了出口，促进了沿海地区经济的发展。但是病害、种质和种苗质量、养殖生态环境三大

1991年相建海（左四）作为泰国正大集团特聘的专家组成员，在集团副总裁苏金博士（右二）陪同下视察该集团在泰南的养虾场。左一是专家组组长——美国德州大学黄汉津博士。

问题成为制约我国海水养殖业健康发展的主要瓶颈。其中，病害问题成为当时最为突出和亟待解决的问题，不仅阻碍了海水养殖业的持续发展，而且已直接威胁到现有产业的生存。

从1999年到2011年，我接连参与了3个水产养殖生物病害及其免疫防治相关的973计划项目。对虾是海洋生物中的重要代表类群，具有不可替代的科学和经济价值。对虾养殖是世界渔业的重要支柱产业，全球养殖年产500多万吨，近年来中国年产量160多万吨，年产值逾千亿元。我的团队始终围绕对虾自身免疫体系以及其对环境胁迫和病原的应对机制，深入系统开展研究，取得一系列原创性成果。为对虾病害控制提供了重要指导，引领了国际甲壳动物的免疫学研究。

"国以农为本，粮以种为先。"优良品种对农业、畜牧业生产力的提升有目共睹，良种对产业的贡献率一般在40%以上。海水养殖环境可控性差，因此良种的作用更加突出。发展历史不到百年，但规模位居世界第一的中国海水养殖业因种苗而起，靠良种而兴。从我国养殖业发展的历程看，培育优良种质和健康苗种是提高养殖产量、质量的最有效途径，对生产发展的促进作用十分显著。

从2002年开始，我的团队始终咬定虾类育种，历时20年，培育出凡纳滨对虾两个国审新品种。从海南、广东等地的14个养殖基地收集当年从夏威夷引进并繁育4代的凡纳滨对虾作为育种基础群体，以生长速度为主要选育指标，进行了连续7代的选育。采用"养殖对虾阶段式种群选育方法"和"养殖对虾家系的建立和良种选育方法"，从第1代至第7代，每个世代分别建立了200个以上家系。进行交配组合时，根据体长、体重、产卵量、孵化率等进行淘汰选择，最终从留种的40个家系中培育出了"科海1号"。2011年获批的"科海1号"生长速度提高13%～40%，成活率显著提升。而后，基于数量遗传学和分子遗传育种理论，我们历经7个世代连续培育，获得了快长系、高存活/高繁系、高存活/快长系和高繁系4个具有典型性状特征的专门化品系。利用四系配套技术兼具生长速度快、成活率高的凡纳滨对虾新品种"广泰1号"培

相建海（左）现场陪同考察专家在预审良种"广泰一号"

2010年相建海主持在青岛举办的国际第七届甲壳动物学大会

育成果并于2017年获批。"广泰1号"生长速度提高16%以上，成活率提升30%以上。迈入七十古来稀的高龄，我仍然不改初心，和团队一起基于获得的翔实的组学数据，创建了对虾600 K高密度SNP芯片，发展了从固相到液相、从高密度（600 k）到中低密度(10k、1.5k)系列芯片，建立起GWAS方法结合多组学分析定位对虾重要经济性状相关标记和基因的技术。目前分子育种已经在快速生长品系、抗弧菌品系和耐高盐品系的选育中进行了应用。历经多代选育，目标性状改良效果显著提升，对虾育种效率提高。

我们建立了与下游育苗企业合作共赢的新品种推广模式，每年推广苗种达300亿尾。"科海1号""广泰1号"成为环渤海地区市场占有率最高的两个品种，占苗种市场的30%，产生了很好的经济和社会效益。

为扩大和提升我国海洋水产工程的影响，在国家支持下，我积极推动国际海洋生物工程领域的交流和合作。我担任了两届国际甲壳动物学会理事和学会亚洲协调人，于2003年、2006年和2015年3次被聘为联合国粮食及农业组织、世界卫生组织咨询会议和联合国环境署国际资源委员会会议专家；主持承办了多个国际学术会议。1982年设立的国际甲壳动物学会

相建海（左）获评"国际甲壳动物学会杰出研究贡献奖"

杰出研究贡献奖是终生成就奖，授予长期从事甲壳动物学研究并取得举世公认成就的个人。我成为 2018 年该奖的唯一获得者，在国际甲壳动物学会通讯上陈述了我获此殊荣的理由："相建海研究员的学术生涯跨越了 40 多年，其研究在甲壳类动物（特别是经济虾类）免疫学以及生物技术在水产养殖中的应用领域处于世界领先地位。相研究员是海洋虾类免疫和病原感染应答的分子机制研究领域的先驱。他首次提出'免疫稳态'在对虾免疫系统中的重要作用，强调了甲壳类动物免疫学的这一基本理论。实际上，相研究员是中国现代海洋生物技术研究的起步者。他的研究成果广泛，发表了近 200 篇论文，拥有 20 多项专利。相研究员还对科研公共建设的发展做出了重要贡献，推动了多项'国家级科学项目'。近年来，他还直接领导了中国科学院海洋研究所和实验室。他不仅在原创性的基础科学上取得了成绩，还培养了一代新的研究人才，并对完善正在进行的研究所需的基础设施做出了实质性贡献。"

微尘入海谱华章

海洋环境专家 高会旺

科学家简介

高会旺，中国海洋大学教授、博士生导师，崇本学院院长，海洋环境专家，海洋环境与生态教育部重点实验室主任。享受国务院政府特殊津贴专家，973计划首席科学家、教育部新世纪优秀人才。主讲"环境海洋学"国家级精品课程和"海洋科学专业导论"国家级精品视频公开课 。现任国务院学位委员会第八届环境科学与工程学科评议组成员，国家教材委专家委员会委员，中国环境科学学会海洋环境保护专业委员会主任委员；曾任中国海洋大学环境科学与工程学院首任院长，教育部环境科学与工程类专业教学指导委员会委员、上层海洋-低层大气研究国际计划（SOLAS）科学指导委员会委员、亚洲沙尘与海洋生态系统工作组（ADOES）首席专家。

高会旺教授主要从事海洋与大气环境动力学研究，系统研究了大气物质传输、沉降及其对海洋初级生产过程的影响，揭示了海表叶绿素的分布特征及次表层叶绿素最大值的形成机制。主持多项国家级重大、重点科研项目，发表学术论文200余篇，出版专著、译著5部。曾获中国海洋大学最美教师、青岛市劳动模范、山东省教学名师、教育部课程思政教学名师等称号。

结缘海洋科学研究

很多人以为，科学家都是在成就儿时的梦想，其实不然。对我来说，海洋科学既不是儿时就有的理想，也非求学时为之奋斗的目标。结缘海洋科学研究之时，我已是而立之年。

1996 年 3 月，我在中国科学院大气物理研究所获得博士学位，随后离开北京来青岛报到。得益于管玉平师兄的引荐，我才有机会来青岛海洋大学（现中国海洋大学）做博士后研究。当时他正在冯士筰教授团队做博士后研究，也熟悉我的情况，就向时任青岛海洋大学副校长的冯士筰教授推荐了我。冯老师很痛快地答应了，说大气科学背景的博士生数理基础好，从事海洋科学研究也许有更大的发展。我备受鼓舞，增强了我步入海洋科学研究之门的信心。

3 月底的北京已是郁郁葱葱，而青岛的柳树才刚刚发芽。校园内的地形起伏，道路蜿蜒，神秘而优美。我的住处在博士楼。这是一座坐落在一个斜坡上的四层小楼，有两个单元，上面的单元住博士研究生，下面的单元住博士后研究人员。当时，青岛海洋大学的在读博士研究生不过三十几名，两人一个房间。而刚刚拿到博士学位的我，分到了相邻的 3 个房间，这体现学校对博士后的重视，也是我拖家带口的需要。一次我与在深圳工作的朋友通电话，告诉他我已到青岛做博士后研究，每月可有 700 多元的收入。他却顺口说一句，7000 元还差不多。我感慨，青岛与深圳比不了啊！但我还比较满意，毕竟这份工资已与副教授的持平！当时没有买房、买车的压力，这份工资足以保障无忧的生活。

我到青岛海洋大学做博士后研究，或者说结缘海洋科学研究具有偶然性也有必然性。我的博士导师黄美元教授曾先后推荐我到中国科技大学和清华大学做博士后研究，我也很感兴趣，但最终都没能去。当时我的身体欠佳，正在缓慢的恢复当中，博士论文也是断断续续完成的。我平生第一次感到身体健康的重要性。我在攻读博士学位的第二年查出了心肌炎，此后的整整一年，我身体乏力，情绪低落，在导师的理解和研究生部领导的关怀下以休息为主。这期间，我在北医三院心内科住过一个月的院。有一次，我大学最要好的同学马红友从太原来到北京找我，听说我住院了，就想到医院看看我。当时没有方便的联系方式，也打听不到具体的医院、房间，他就本着碰一碰的想法，到北医三院找一找。真是凑巧，我正在位于十层的病房阳台上散心，看到楼下有人在向我招手，仔细看才辨认出是老同学。他的心情也很沉重，看我在大展宏图的年龄，却背了个心脏病的负担，只能有说有笑地好好安慰我一番。可后来他告诉我，当时真怕过早地失去我这个朋友。回想起来，是家人、导师、领导、朋友的关心、照顾和鼓励，使我逐渐战胜了病魔，走出了灰暗的心理阴影。在此背景下，我虽不敢想象在学术道路上能走多远，但也不愿意碌碌无为。当时我认为去青岛是个不错的选择，这里有较高的发展平台，竞争压力又不大，气候舒适宜人，我可以边恢复身体边寻找发展的机会。

来青岛时，我的健康状况已逐渐好转，虽然仍感觉乏力、容易出汗，但胸闷和睡眠已大有改善。我没有像来之前预想的那样以养病为主、科研为辅，而是很快地融入了冯老师领导的浅海动力学研究团队。博士后研究期间，我生活自主了、营养改善了，身体继续得到恢复，一旦感觉心脏不舒服就及时调整作息，自己成了自己的医生。此后多年，过度疲劳时我还会感觉到心区不适，但一直没有影响我在学术和育人道路上的打拼。不需要与别人较劲，但总要不断超越自我，这是我工作中的座右铭。

我步入海洋科学研究领域，既感谢冯士筰教授给了一个高的起点，也得益于多位著名海洋学家的指导和帮助。作为博士后研究人员，我进入了当时的国际前沿研究领域——海洋生态系统动力学，参加了由唐启升研究员和苏纪兰院士主持的国家自然科学基金委的重大研究项目。与这个项目同步进行的还有冯士筰教授牵头的中德海洋合作项目，是关于渤海水动力和生态动力过程的研究。这些项目是推动我国海洋科学领域开展物理、化学、生物交叉

高会旺（右）获得博士学位时与导师黄美元合影

研究的重要节点。

1995 年，青岛海洋大学 3000 吨级的国际先进的第二代海洋综合调查船"东方红 2"号下水，当时主要服务于学生实习，还没有真正的科学考察任务。冯士筰教授就想，是否可以借助"东方红 2"号推动中德海洋科学合作。经过在青岛和汉堡的多次艰苦谈判，德国汉堡大学的科研团队同意将当时世界先进的温盐深仪（CTD），及采水系统等用集装箱运来，安装在"东方红 2"号调查船上，共同开展渤海的科学考察。我在这样的背景下加入了冯士筰教授团队，一开始就接触了海洋科学的交叉学科思想和世界先进的调查船与设备，不能不说是一种幸运。

在海洋科学领域我从事的第一个较为完整的研究工作是渤海生态动力学模拟研究。主要工作是将海洋物理要素和化学要素作为自变量，生物要素作为因变量，构建微分方程并建立了渤海生态动力学模型。研究成果以多篇学术论文的形式发表，也构成我博士后出站报告的主要内容。这是我国最早在渤海开展的生态动力学模拟研究工作，也成为我国海洋生态动力学模拟研究的经典文献之一。

并非随风而逝

沙尘暴现象自古有之。其形成原因多种多样，既有自然原因，又有人为原因，如森林砍伐、气候和天气异常导致风力增大，植被破坏使地表沙土裸露等。沙尘暴天气来袭，尘土漫天。这些扬起的尘土并非随风而逝，而是会导致大气环境恶化，降低大气透明度，从而危害人体健康和交通安全。另外，尘土向地面的回落或者降水的冲刷就是向大地喷洒"化肥"，会对陆地和海洋生态系统造成影响，我们称这一过程为大气沉降。我在攻读学士、硕士、博士学位阶段一直在学习大气科学知识，从事相关研究，而到青岛海洋大学后，很希望能结合过去所学、所做，在海洋科学领域做些研究。这就是我在博士后研究阶段一直思考的大气科学与海洋科学的结合点，并逐渐发展成为我所领导的研究团队的主攻方向：大气沉降及其对海洋生态系统的影响。

虽然沙尘暴天气主要发生于非洲、亚洲、澳洲及美洲的部分地区，但其环境和生态影响可能是全球性的。例如，来自我国西北地区和蒙古国的沙尘，在西北风的吹送下，经大气沉降过程进入我国近海、日本海以及西北太平洋的广大区域。特别是在极端强风天气作用下，这些沙尘可以"漂洋过海"到达美国、欧洲和北极地区，有时候可以绕地球一圈，再次影响我国西北地区和近岸海域。沙尘沉降入海会对海洋生态系统产生哪些影响呢？这是很多科学家感兴趣的问题，但证据的获取是极其艰难的，因为沙尘暴常伴有大风，也会掀起大浪，沙尘暴的影响会被大风、大浪的影响所掩盖。

实验研究是科学家寻找证据的主要手段之一。起初，我们想将人造沙尘加入海水，分析海水中藻类的反应。这一思路的难点有两个：一是人造沙尘，二是添加沙尘。可以看出来，解决第二个难点更加重要，因为即使造出了与沙尘暴天气下具有相同或相似化学成分的沙尘，如果解决不了添加的问题，实验还是无法进行。我们向从事藻类培养的专家请教，得到的答案是沙尘是不能直接加入培养藻类的海水中的，因为沙尘会扰动培养系统的理化环境从而导致藻类的死亡。听到这个答案，我们非常沮丧，但也不得不放弃这个想法。一年后的一天，我看到一篇最新发表的关于非洲沙尘暴对地中海影响的论文，其中就用到了沙尘添加的实验。我仔细阅读其中的实验方法和过程，他们的想法与我们一年前的想法没有什么区别。我的疑问是，为什么撒哈拉的沙尘就可以直接加入地中海的海水中，而我们的沙尘就不可以直接加入我国近海的海水中？我们决定抛开一年前专家的回答，自己进行尝试。虽然过程也有些波折，但我们最终还是完成了沙尘直接添加的培养实验，并且形成了可以推广的实验方法。这次经历告诉我们，任何经验只可以借鉴，而实践才是检验想法的可靠方式。

实验研究证实，沙尘中含有的氮、磷等营养物质能够缓解海水中营养盐的缺乏状态，从而促进藻类的生长，道理就像在土壤中施肥就可以促进庄稼生长一样。实验室研究虽然具有可重复性，但并不能代表沙尘暴影响海洋的真实情况。一次沙尘暴过程真的能够促进海洋中藻类的生长吗？这是进一步思考提出的新问题。2007年3月底黄海的一次科考过程给了我们意外的惊喜，虽然我未能参加此航次，但通过这次调查我们找到了沙尘暴促进黄海中部藻类快速繁殖的直接证据。与大多数航次一样，"北斗"号调查船执行的这一航次中，几十名科考队员来自不同的单位，有各自的任务。我们团队的研究生做大气沉降研究，中国海洋大学还有一个研究团队做海洋化学研究。其实我和我的学生都喜欢出海。海上工作虽然紧张，但我们还是可以忙中偷闲在上层甲板深呼吸几口带海味的新鲜空气，每次也一定有机会观看激动人心的日出日落，这种景象比在山顶看到的日出更加绚烂。当"北斗"号调查船航行在黄海中部时，船长告诉首席科学家沙尘暴来了，很快就会风大浪急，为了安全船舶要到威海附近避风。于是调查船返回到近岸海域抛锚避风。等沙尘暴过后，调查船再次返回到黄海中部，科考队员们看到海水的颜色与离开时相比明显偏暗红色。一名资深的科学家很快意识到这是水

在西太平洋考察时的高会旺

华（海洋浮游生物过度繁殖造成海水变色的现象）。后来，结合卫星资料、大气沉降资料、海洋化学和生物资料，我们计算了这次沙尘暴过程带来的沙尘及氮、磷、铁等营养物质的量，确信这些入海的营养物质完全可以激发藻类的快速繁殖，引起这次水华。

海洋科学的研究既有区域性，也有全球性，至今已有不少科学家关注沙尘沉降对海洋的影响，并将沙尘对海洋生态系统

青岛海洋科学与技术试点国家实验室
Pilot National Laboratory for Marine Science and Technology (Qingdao)

高会旺在 2020 学术年会上作报告

的影响作为国际上层海洋—低层大气研究计划（SOLAS）的重要内容之一。我们注意到亚洲沙尘具有影响范围广、化学成分复杂等特点，组织成立了亚洲沙尘与海洋生态系统（ADOES）研究工作组，特别关注太平洋区域沙尘的沉降及其影响，得到了日本、韩国、加拿大、马来西亚等国家的积极响应。研究成果也得到了国际同行的广泛认可，我也被选为 SOLAS 科学指导委员会委员，参与国际科学计划制订，以及对各国相关研究的指导。

从交叉科学研究到拔尖人才培养

回顾我从大气科学到海洋生态动力学研究，横跨了几个不同的学科。从攻读硕士学位期间空气污染物的物理性稀释和扩散，到攻读博士学位期间物理与化学相结合的酸雨研究，再到博士后研究期间物理、化学与生物相结合的海洋生态动力学研究，使我熟悉了交叉科学思维和研究方法。这些经历也使我越来越明白，海洋科学其实是一个大的学科领域，涉及物理、化学、生物和地质等分支学科，具有明显的交叉学科特性。海洋科学就像海洋本身一样博大精深，任何一种学术兴趣的种子，都有可能在海洋科学的沃土里生根发芽。

2005 年，我国著名物理学家钱学森提出了著名的"钱学森之问"：为什么我们的学校总是培养不出杰出人才？为了回答"钱学森之问"，教育部在 2009 年启动了基础学科拔尖学生培养计划（被称为拔尖计划 1.0），涵盖 5 个本科专业。2019 年，教育部将拔尖学生培养的本科专业扩展至 17 个（被称为拔尖计划 2.0），其中就包括海洋科学。2020 年中国海洋大学的海洋科学专业入选教育部基础学科拔尖学生培养基地。学校在前期准备中筹建了"崇本学院"，具体负责学校拔尖学生培养。学院取名"崇本"，一是为纪念我国海洋科学教育事业的开拓者赫崇本先生；二是激励学生强基固本，既脚踏实地，又志存高远。

根据教育部的要求，对拔尖学生要特

崇本学院揭牌仪式（从右到左：高会旺，于志刚，李巍然，方奇志）

别重视交叉学科思维、国际视野、创新能力的培养。我被任命为崇本学院院长，我明白这是一份光荣而重大的责任。我将面对的是一群胸怀祖国、面向未来、勇攀科学高峰的青年学子，对他们的培养不仅是传授专业知识、培训专业技能那么简单，更重要的是自我发展、自我激励、综合素质的养成。做非凡的事，就要把非凡的人聚在一起。学生选拔面向全校新生，既注重知识基础，更关心个人兴趣。目前的学生来自十几个不同专业，有理科、工科，也有文科，不同学科的知识在这里交叉，不同的兴趣在这里碰撞。

我倡议老师们了解学生、理解学生、关爱学生，然后才是因材施教。我多次带队访问国内著名高校，调研他们在拔尖学生培养中的经验，积极为学生创造机会，使他们在暑期夏令营和研学活动中拓展知识和技能。我把拔尖学生培养当成头等大事，立言将为学生们提供更多机会、提供更高平台、创造更多可能。我积极参加学生的各项活动，拉进与学生的距离，找每个学生谈心谈话，询问他们生活和学习中的兴趣和困难，激励他们做不一样的自己。

跟学生谈心时，有一位同学给我留下了很深的印象。她来自内陆城市石家庄，自小被文字影像中描述的那个无垠而又神秘的海洋所吸引。她很喜欢历史，深知如今的中国想要实现中华民族伟大复兴，首先要建设海洋强国。正是怀着这样的兴趣和使命感，她参加了崇本学院的选拔，并最终如愿以偿来到了崇本学院学习海洋科学。

说留下深刻印象，其实是因为第一次与她聊天时，她看上去状态并不是很好。崇本学院的学习难度和强度都比较大，埋头在那些晦涩难懂的物理和数学公式中，全然感受不到畅游海洋的乐趣。她第一次对自己的选择产生了怀疑：学得这么辛苦，到底是为了什么？我很高兴她能向我诉说她的迷茫与困惑。这其实是很多学生都会面对的：学到的知识究竟有什么用？我告诉她，目前学到的知识暂时用不上是很正常的，"拔尖计划"是面向未来的计划；不要在意一次成绩的好坏、一段时间的低谷，重点是要通过在崇本学院 4 年的学习与锻炼，为 10 年后、20 年后成为海洋科学的拔尖人才奠定基础。

后来，我多次在学院的新闻中看到了她的名字与照片。有一次在走廊上遇见，她主动问我能不能聊聊，我欣然应允。她提到之前的辛苦和迷茫，讲到在之后逐渐深入的课程学习中，慢慢开始领会到了之前所学的价值，看起来枯燥的课程可能成为后续课程学习与学术探索的基础和工具。在学院丰富的第二课堂中，登上世界领先的科考船，聆听行业顶尖专家讲述海洋科学前沿，去不同学科的海洋实验室参观学习……更深层次的海洋奥妙徐徐展开，让她重燃热情。身边志同道合的伙伴们也在班级导师、学业导师和科研导师的指导和引领下，贪婪地汲取着知识，如今都找到了自己感兴趣的研究方向，主持自己的创新项目，并在学院的资助下前往各地研学、参加夏令营，逐渐感受到了学术研究的乐趣。

我想，与其他学院相比，崇本学院更像一个家，同学们在这里发现自我、管理自我、释放自我，分享着平等的发展机会。学生们的学习热情和生活情趣得到了激发，不仅取得了优异的学习成绩，获得了多项国家级奖励，还积极参加各种素质

高会旺在办公室

拓展活动，自发组成了音乐、体育、美术、思辨、新闻、英语等兴趣小组。他们已成为学校最活跃、最值得关注的学生群体。我为他们而自豪！

潜心笃志，
筑梦蓝色粮仓质量安全

水产品加工利用与质量安全控制专家　周德庆

科学家简介

周德庆，中国水产科学研究院黄海水产研究所研究员，博士生导师，水产加工利用与质量安全控制专家，黄海水产研究所食品工程与营养研究室主任。兼任中国藻业协会副会长、中国进出口食品安全专家委员会委员、中国食品科技学会理事。

周德庆研究员长期坚守科研一线，主要研究方向为水产品安全与质量控制、水产品加工与综合利用、海洋功能食品等。凭借扎实的基础理论和雄厚的专业知识，在水产品加工利用与质量安全控制领域开展系统深入研究，筑梦蓝色粮仓质量安全，取得了多项创新性成果。从建立贝类危害因素检测技术入手，深入探究其主要危害因素的富集机理和影响因素，构筑起贝类食用安全典型危害因素检测和控制技术体系，助推贝类出口贸易。以执着的科学精神，探明水产品内源性甲醛产生机理，率先制定水产品甲醛检测技术标准，建立主要食用鱼类甲醛本底含量数据库和水产加工品甲醛的控制技术，提出我国食用鱼类甲醛的安全限量建议，为我国水产品安全风险评估和监管提供理论与技术基础。荣获"2019年度中国食品科学技术学会科技创新奖——突出贡献奖"。荣获农业部科技进步奖、山东省科技进步奖各1项，青岛市科技进步奖2项，获授权国家发明专利8项等。

周德庆研究员专注科研创新的同时，主编科普丛书"舌尖上的海洋"，积极参与中国食品科技学会《食品安全风险解析》和《如何吃得更安全——食品安全消费提示》汇编等工作，传播水产品营养与安全知识，为我国蓝色粮仓质量安全事业做出了杰出贡献。

结缘海洋科学研究

我出生于 1962 年，成长于动荡的"文革"时期，家乡是山东招远的一个偏远小村庄。小时候，农村艰苦的生活条件磨炼了我吃苦耐劳和做事执着的品格。现在回想起来，结缘海洋科学研究并取得少许成绩，首先得益于社会主义制度使得我这个农家子弟有机会通过上学读书改变自己的命运，其次在于自身的勤奋努力与追求卓越，当然也有生活机遇的安排。

我童年时期缺吃少穿、条件艰难，所幸自己一心向学的精神并未因此受挫。兄弟姊妹四人，我排行老大。我清晰记得，上小学时为了能帮父母减轻点负担、多挣点工分，自己很少能睡个饱觉，常常披星戴月出发上山拔猪菜、拾烧草、背粪筐拣猪粪。只要有学上，年少的自己并不觉得多么苦累。凭着勤奋努力，小学三年级时我成绩就名列前茅，加上乐于帮助同学，很快当上了班长。当时小学老师是民办教师，常因忙于自家农活而让学生"自习"。我因好学，就先自学然后给同学们上课，

成了班级的"小先生"。长此以往这样的经历更激发了我的上进心和求知欲。1977 年秋，经村里推荐我升入高中。恰逢高考制度得以恢复，伴随全国科学大会召开和科学春天的到来，考大学就成了我当时最大的梦想。只是拘囿于偏远农村匮乏的师资条件，1977 年的高考中，我所在中学无一人考上，1978 年也仅有一人被录取。到 1979 年我参加高考时，周围几乎所有人，包括班主任都认为我考上大学机会渺茫，劝我报个中专。可我不服输，不想放弃大学梦，坚持报考大学。没想到命运和我开了一个玩笑。语文考试时文具被盗。我好不容易临时借到钢笔答题，但心情还是受到影响，没能完成作文，最后仅以 3 分之差落榜。高考失利带来的巨大的沮丧令我至今记忆犹新，但也激发了我的拼搏之心。当年为提高全县升学率，县教育局在教师进修学校办了高考复习班，招收当年成绩较好的落榜生共 30 人，师资条件要优于乡下高中。我们中学只我一人入选。

这本应算是大好事，可每个月要交 10 元生活费，这对我的家庭来说是一笔巨大开支。当时弟弟妹妹都在读书。为了不给父母增添负担，我毅然回到母校高中复读。我攒足劲，继续着吃窝头就咸菜的苦读生活，有时当天计划未完成，晚上熄灯铃响后又偷偷点上煤油灯继续学习。功夫不负有心人，1980 年夏我怀着激动的心情，终于如愿踏入了许多学子梦寐以求的大学校园——莱阳农学院（现青岛农业大学）。这是结缘海洋科研的关键一步。

大学期间，我主修的是果树专业。老师们精彩和细致的讲授，同学你追我赶、认真刻苦的学习氛围，图书馆丰富的藏书资料，都极大地激发了我的专业兴趣和学习热情，为今后的科研之路奠定了学术基础。毕业后我留校任教，为继续我的科研梦，工作 3 年后我考入国内农业最高学府北京农业大学（今中国农业大学）攻读硕士学位，专业为农产品贮藏与加工。1990 年硕士毕业后，我回到了莱阳农学院食品科学系工作，担任食品化学、食品分析和食品风味化学方向教学和科研工作，对食品科学教学和科研的兴趣愈发浓厚。为了

1982 年大学时期的周德庆

能学习更多知识，我又萌生了考博继续深造的念头。1994 年我报考了青岛海洋大学（今中国海洋大学）水产品贮藏与加工专业，并幸运地成为管华诗院士的博士研究生，从此与海洋结缘。学院雄厚的教学和科研条件使得我如鱼得水，我经常通宵达旦扑在课题研究上……经过 3 年研读，1997 年 7 月我顺利完成博士学位论文答辩。毕业后，为学以致用，作为引进人才，我来到中国水产科学研究院黄海水产研究所，踏上了水产品加工与质量安全研发的工作道路。

1996年周德庆在实验室

筑梦蓝色粮仓

围绕水产品甲醛来源，阐明机理、提出标准

来到黄海水产研究所后，我最初在设立在所内的国家水产品质量监督检验中心工作，主要从事水产品质量安全研究和标准化工作，其中任务之一是直接为我国水产品质量安全监管提供技术支撑，开启了筑梦蓝色粮仓质量安全工作历程。该中心是1985年国务院批准筹建的第一批113个国家级产品质量监督检验中心之一，

周德庆（右）博士毕业时与管华诗合影

是一个由中国认证认可监督管理委员会（CNCA）授权、具有第三方公正性的、为社会服务的公益性机构。

刚踏入质检中心不久，就碰到了"水产品甲醛事件"。当时，有小部分不良商贩用甲醛溶液浸泡海参、鱿鱼、虾仁等水产品。处理后的水产品卖相好，还大大延长了保存期。但甲醛严重毒害人体神经系统、免疫系统、肝脏等，属于禁用化学物质。我国农业行业标准 NY 5073 － 2001《无公害食品·水产品中有毒有害物质限量》中将甲醛的安全限定标准规定为"不得检出"。这一标准在具体的实施中遇到很大的争议，这是因为在缺乏对水产品中甲醛本底含量系统和有针对性的研究的情况下，人们错误地认为在检测过程中检出

1999 年周德庆在浙江温岭石塘镇渔码头调研

的甲醛全部是人为添加的，而没有意识到水产品本身也能产生内源性甲醛。因此，亟须探究内源性甲醛产生机理及其影响因素，并对水产品中的甲醛开展风险评估和风险管理研究工作。为了开展这项研究，我带领团队成员首次建立了水产品中甲醛检测技术行业标准 SC/T 3025 — 2006《水产品中甲醛的测定》，对市面上的水产品进行全面、系统的采样。为了确保所取样品的可靠性、代表性，我跑遍了沿海诸省及湖北、湖南、安徽、江西等水产业较为发达的内陆省份，经常天不亮就骑着自行车跑去码头、集市、批发市场等处采样，废寝忘食已经是家常便饭。同时我还查阅了大量国内外资料，学习国外的研究成果。在团队成员共同努力下，我们引进国际先进风险评估理论与技术，用了 5 年时间，阐明了水产品内源性甲醛产生机理，建立了鱼类及鱿鱼加工产品控制技术，进而根据绿色食品的安全、营养、优质之定位，提出鱼类甲醛 30 mg/kg 限量建议，制定了《绿色食品·鱼》的甲醛限量标准为

10 mg/kg，为我国水产品监管及时提供了理论与技术基础。

面向国家需求，集成技术，助推出口

过去很长一段时间，我国水产对外贸易相对滞后，其中一个重要因素是以技术法规、技术标准等为主要内容的技术性贸易壁垒日益凸现。发达国家凭借科技和管理优势给发展中国家水产品出口设置障碍，尤其是我国贝类出口一直遭遇贸易禁运，令当时刚刚加入世贸组织的中国在水产贸易中遭受了巨大的损失。

针对这种情况，我义不容辞，主动承担更多的责任与挑战，申请 863 计划相关课题，开展系统深入研究。先从建立快速、高效、准确的危害因素检测技术入手，进而开展了多种危害因素在我国海产贝类中污染状况的调查，构建了水产品中微生物危害因素的风险评估框架和模型，完成了风险评估。还开发了生食高值贝类超高压加工技术，以有效地控制生食贝类中致病微生物。这些技术经集合形成较完整的海洋贝类中典型危害因素的检测与评价技术体系。相关技术已在多家水产品加工龙头企业和检测机构进行了示范应用，帮助企业从原料把控、加工过程关键控制点监测到产品的质量检测等全程对贝类产品的质量进行控制，确保了贝类加工产品的安全性。

最终，相关产品指标满足欧盟和日本等国标准，取得显著的示范效应和经济效益。欧盟 2016 年正式解除对中国扇贝产品输欧禁令，中国双壳贝类产品终于在被拒 19 年后重返欧盟市场，我们的研究起到不可或缺的支撑作用。

瞄准发展前景，勇于担当，创制"水产绿色食品技术标准"

作为部门产业研究所，1999 年黄海水产研究所接到《绿色食品·水产品》制标新任务。因为缺少相关资料参考，经费又少，2 年无人承担。我和我的团队，瞄准绿色食品的发展前景，毅然接受这个任务。

针对我国水产品生产现状，从捕捞、养殖环节入手调研，全面系统研究、确定影响水产绿色食品品质的感官、理化及生物学因子。为充分体现标准的科学性和实用性，经请示将一个标准分解为 3 个，率

先创制 NY/T 842《绿色食品·鱼》、NY/T 840《绿色食品·虾》、NY/T 841《绿色食品·蟹》，及时满足我国绿色食品水产品认证工作的需要。同时，提出了水产绿色食品生产过程中治疗用药和预防用药目录，制定《绿色食品·渔药使用准则》技术规范，规范水生生物养殖用药，推动水产养殖业健康持续发展。在"十三五"科技支撑资助下，将标准的创制延伸至全产业链，制定《绿色食品·干制水产品》《绿色食品·鱼罐头》《绿色食品·鱼类休闲食品》3 个水产加工品标准，形成水产绿色食品全程质量安全技术标准体系；成果有效引导了水产绿色食品的生产向优质安全营养方向发展，对水产绿色食品认证和监管及全面提高水产品的品质、增强水产品的市场竞争力发挥了重要作用，产生了良好的社会效益。作为国家水产绿色食品认证的技术法规，引领水产品发展方向。到 2018 年认证水产绿色食品达 644 个，年产值超过 50 亿元，产生较好的经济效益，荣获 2019 年产学研合作创新成果奖优秀奖。

2000 年周德庆在美国参加国际食品法典委员会（CAC）大会

投身海洋科普工作

在专注科研创新的同时，我深深感到，科学研究和科学普及其实好比鸟之双翼、车之双轮，都是不可或缺、不可偏废的。作为海洋科学研究工作者，更有责任和义务积极投身到科普工作，走出实验室与研究所，普及科学知识、弘扬科学精神、传播科学思想、倡导科学方法。日常中，我也主动承担起科学普及工作，多次进行海洋科普讲座。

周德庆做客山东电视台《走进深蓝》节目

经过多年观察与积累，我注意到，虽然大家对海洋食品有极大兴趣，但目前市面上具有科学性、趣味性、能贴近百姓生活的科普作品并不多见。因此我作为总主编，组织编写了"舌尖上的海洋"科普丛书，包括《大海的馈赠》《海鲜食用宝典》《中华海洋美食》和《环球海味之旅》4册，希望通过通俗流畅的语言及精美的插图，将博大精深的海洋知识和富有趣味的海洋饮食文化展现在读者面前。丛书出版后，受到读者的广泛欢迎，并获得了中国科普作家协会优秀科普作品奖银奖（图书类）。

攀登不畏艰

海洋化学家　杨桂朋

科学家简介

杨桂朋，中国海洋大学教授、博士生导师，海洋化学家。先后担任海洋化学理论与工程技术教育部重点实验室主任、中国海洋大学海洋化学研究所所长、化学化工学院院长。入选教育部"长江学者奖励计划"，为"国家杰出青年科学基金"获得者、山东省"泰山学者"、全国优秀科技工作者，享受国务院政府特殊津贴。国家级教学团队（海洋化学课程）负责人，国际 Top 期刊 *Marine Pollution Bulletin* 主编，《海洋与湖沼》《中国海洋大学学报》编委，国际 SCOR 海洋微表层工作组成员，中国海洋湖沼学会常务理事、海洋化学分会副理事长，山东化学化工学会副理事长。

杨桂朋教授一直致力于海洋痕量生源活性气体生物地球化学过程及气候效应的教学与科研工作，取得了一系列具有国际前沿水平的创新性成果。在国内率先开展并系统构建了海水二甲基硫（DMS）、一氧化碳（CO）等活性气体海－气一体化观测模式，实现了我国陆架边缘海活性气体跨时空、多要素、全方位的综合研究，建立了海－气界面 DMS 的生物地球化学循环模式；阐明了典型海洋污染物——稠环芳烃和邻苯二甲酸酯在海水－沉积物等不同环境介质中的空间分布、化学组成、影响因素及污染来源等特征；从吸附动力和热力学角度揭示了典型海洋污染物在沉积上的吸附行为及机制。这些创新性成果为应对全球气候变化和参与气候变化领域的国际谈判、国际行动提供基础数据。主持国家杰出青年科学基金，国家级重大、重点项目等 20 多项。已发表学术论文 470 篇，出版学术专著 2 部。获教育部自然科学奖一等奖、国家海洋局海洋创新成果奖一等奖、山东省自然科学奖二等奖、山东省高等教育教学成果奖一等奖等省部级科研和教学奖励 7 项。杨桂朋教授在海洋活性气体的生物地球化学及气候效应、海洋界面化学、海洋有机化学、海洋光化学等研究领域成绩突出，在国际同行中有重要影响，2020 年进入国际环境科学（Environmental Sciences）研究领域顶尖（前 1%）科学家行列。

结缘海洋科学研究

我国古代经典《论语·雍也》中有"知之者不如好之者，好之者不如乐之者"，世界著名的物理学家阿尔伯特·爱因斯坦（Albert Einstein）也说过只有"热爱"才是最好的老师，从事科学研究工作一定要选择自己感兴趣的课题。

时间回溯到 1979 年，16 岁的我痴迷于探索化学奥秘，对大海充满了的无限向往。当年的高考中，我毅然放弃了北京、上海的全国顶尖学府，山东海洋学院（现中国海洋大学）的海洋化学专业理所当然地成了我高考志愿最理想的选择。至今回想起拿到录取通知书的那一刻的雀跃，心中仍澎湃不已。海洋化学，一旦结缘，便是一生。大学的老师们以他们独特的自身魅力，把我带进海洋化学的殿堂，让我做出了一生无悔的选择——终生从事海洋化学事业。大学 4 年，我的学习成绩一直是班里的第一名，且两次被评为校级三好学生标兵（全校每年 7~8 人）。有了兴趣，才能走得更远。秉持着对海洋化学知识的

青年时期的杨桂朋

那份渴求和挚爱，我在本科期间勤奋并持之以恒地苦练基本功，用"钉钉子精神"打下了扎实的科研功底。

1983 年，20 岁的我毕业留校任教，同时有幸师从我国著名海洋化学家、国家教学名师张正斌教授攻读硕士、博士学位。

恩师张正斌教授是我今生最佩服的人，是我海洋化学科研路上的领路人，他犹如一盏明灯，以孜孜以求的科学精神和严谨的工作作风指引着我探索和钻研海洋化学领域中的各种难题。人生得一知己足矣。作为学生，何尝不是得一"明师"足矣呢？导师又何尝不是得一得意门生足矣！

在研究伊始，为了在海洋化学众多研究内容中确定自己的研究方向和内容，我每日完成本科教学工作之后，便耗在图书馆里翻阅大量的纸质文献资料，休息日更是常驻图书馆。那个年代，缺乏现代化信息检索工具，只能逐字逐句地将每篇文献研究透彻，再步步推进地锁定聚焦中心。历时 8 个月的时间，我终于笃定地认为，与全球气候和环境变化密切相关的海洋生源活性气体——二甲基硫（DMS）是当时海洋化学领域的研究热点，并全面地同张正斌教授分析讨论了 DMS 的研究意义和研究现状，最终将其确定为我今后的研究方向。我和恩师心有灵犀的默契配合，最终推动了我在海洋生源活性气体研究上的突破创新。

海洋化学家 杨桂朋

杨桂朋（左）博士毕业时与导师张正斌合影

登高行远勤耕耘，坚忍执着勇探索

俄国化学家门捷列夫说过这样的一段话："科学的原理起源于实验的世界和观察的领域。观察是第一步，没有观察就不会有接踵而来的前进。"观察和实验是科学研究中最久远、最基本、最普遍的方法与手段。海洋化学是一门实验科学，亲临海洋科研一线，通过海洋调查手段获取第一手海洋样本和资料是海洋化学科研的重中之重。经常出海的人都知道海洋化学组是最辛苦的，因为大量的取样、分装、固定以及过滤、滴定等工作目前还必须依靠

人工进行。

1993年冬天，我第一次参加南海出海调查。冬季南海持续出现较大风浪，我晕船晕得呕吐不止，三天就瘦了五六斤。晕得厉害时连胆汁都快吐没了，直不起腰来，但仍然要咬牙坚持完成采样、测定工作。2000年，访问日本期间，在Funka海湾为期半年的出海调查中，船上提供的餐食仅有生鱼片和寿司，虽然吃起来很不适应，但为了维持工作时的体力，我仍然强忍着晕船导致的恶心保证一日三餐摄入。那个年代的海洋科考船承载量小，出海人数和机会十分有限，我一人负责DMS的检测任务。海水DMS必须要现场采样后2小时内测定才能保证数据精准，因此，身体的不适只能自己克服，也唯有如此，才能担得起自己对海洋化学的那份热爱。作为科研工作者，我认为出海调查可以积聚勇于实践的魄力、积累丰富实践经验和技术。历时16年，我出海调查30余次，获DMS调查数据6000多个，全面揭示了

出海调查中的杨桂朋

DMS 在中国东海、南海以及西北太平洋、西北大西洋中的分布模式。求真和实证是科学精神最核心的内容，保有对自然的好奇心和探索未知的愿望，走进自然，认知自然，加之十年磨一剑的韧劲和苦其筋骨的钻研，才能在科学研究中获得真知，研究成果才能经得起时间考验。

科学之旅，犹如登山；山高坡陡，攀之不易。虽知高处不胜寒，却偏要在寒风之中登攀；虽知高处不胜险，却要险中求胜。探索未知的科研魅力深深吸引着我，搞科研是我唯一的爱好，也带给了我无限的人生乐趣和动力。当初挖掘出海洋 DMS 这个国际研究热点时，虽有无与伦比的兴奋，但难题也随之而来，20 世纪 90 年代的实验条件艰难，经费缺乏，分析检测设备气相色谱仪在青岛市仅有屈指可数的几台。我们多方沟通联系了原山东省进出口商品检验局，开展了首次中国海 DMS 分析检测研究工作。为了加快研究进度，我不分昼夜地工作，累了就在实验室眯一会儿，一做就是三五天。海水中 DMS 浓度仅有几纳摩尔每升，检测非常困难。就在我这样日复一日地试验过程中，海水 DMS

杨桂朋在实验室

的分析精度和准确度不断提高并达到了可以现场出海调查的水平。

在担任中国海洋大学化学化工学院院长期间，白天公务繁忙，我就充分利用晚上和周末时间开展科研工作，节假日工作早已成为我的一种生活习惯，我没有时间休闲娱乐，全身心搞科研、写论文，深感其乐无穷。求知而知之，知之而有不知，再求知，周而复始，致知之道也。发现研究问题，设计研究思路，验证研究假设，得到问题真相，再进一步聚焦发现新问题，循环往复，螺旋式上升，妙不可言也。

1999 年至 2005 年，我全面理清了 DMS 在中国东海、南海以及西北太平洋、西北大西洋中的分布模式，对于国际地圈生物圈计划（IGBP）全球 DMS 分布和通量图的绘制提供了具有重要价值的研究资料。2006 年至 2010 年，我带领团队首次建立了 DMS 在海 - 气界面的生物地球化学循环模型，实现了生源硫在海洋中的迁移变化规律预测由定性到定量的转变，引领国际海洋微表层 DMS 的研究。2011 年至 2020 年，开拓了国际上生源硫的海 - 气界面化学研究领域，实现了我国陆架边缘海活性气体跨时空、多要素、全方位的综合研究。代表性成果已被包括 *Nature* 子刊、*PNAS*、*Chemical Reviews*、*Chemical Society Reviews* 等国际著名期刊论文大量引用，得到国内外同行的瞩目和高度评价。科研中难免会遇到瓶颈、遇到困难、遇到挫折，在这种时候，我的第一反应不是逃避它，而是直面问题、想办法解决。正如马克思《资本论》中提出："在科学上，没有平坦的大道。只有不畏劳苦沿着陡峭山路攀登的人，才有希望达到光辉的顶点。"

同筑海化新梦，缔结跨国情谊

2000 年，研究成果频出，我却感到科研进入了瓶颈期，总觉得研究的路越走越窄，关于海水 DMS 浓度时空变化的原因，有很多问题找不到确切答案。有幸的是，我申请并获得了日本学术振兴会（JSPS）的奖学金，于 2000 年到日本北海道大学地球环境科学学院做了为期两年的访问学者（JSPS 特别研究员），师从国际著名海洋化学家、国际 IGBP 副主席角皆静男（Shizuo Tsunogai），着重

杨桂朋（左）与角皆静男合影

开展了海洋微表层 DMS 的生物地球化学研究，为精准地估算 DMS 海 - 气通量奠

杨桂朋（左）与莫里斯·勒瓦瑟教授合影

杨桂朋（右）与彼得·利斯教授合影

定了基础。2003 年，我以加拿大上层海洋 - 低层大气研究（SOLAS）项目特聘研究员的身份赴加拿大拉瓦尔大学（Laval University）做了为期两年的访问教授，师从国际著名海洋生物地球化学家、加拿大 SOLAS 主席莫里斯·勒瓦瑟（Maurice Levasseur），将海洋生源活性气体的研究从 DMS 扩展到了一氧化碳和卤代烃，定量评价了 DMS 生物周转过程。

随着广泛国际合作的开展，我不懈地追踪科学前沿、拓展科研视野，夜以继日地追索着科研问题，自己由此一步步地踏进了世界海洋化学新领域的探索行列中，新的动力、新的方向促使我加倍努力。一番探索，又是 10 多年的磨砺。经过我和团队成员的努力，我国海洋生源活性气体研究让国际同行刮目相看。国际著名海洋化学家、欧洲科学院院士、时任国际 IGBP 主席、国际 SOLAS 创始人、英国东英吉利大学（University of East Anglia）的彼得·利斯（Peter Liss）教授在多次研讨会上高度评价了我们在 DMS 研究领域的突出成果。我受邀在阿根廷 SOLAS 启动会上做大会汇报，在国际上开拓了生源硫的海 - 气界面化学研究领域，在世界海洋化学前沿领域占据了一席之地。通过国际科研合作的深入开展，我不仅与国际著名海洋化学专家们建立了深厚友谊，还积攒了丰厚的学术资源，能够持续提升自身科研影响力。

我们真正做学问的人，就像饱满的麦粒，谦逊地低垂着头，不露锋芒。科研的登山之路，有跋涉的艰辛，有成功的喜悦，还有应接不暇的好风景。我们攀登的脚步从未停歇，因为攀登不畏艰，坚持不懈，乐在其中，上下求索，方可创造科研奇迹。

穿云破雾瞰沧海

海洋气象学家 傅刚

科学家简介

傅刚，中国海洋大学海洋与大气学院海洋气象学系教授、博士研究生导师，海洋气象学家。曾担任国务院学位委员会第六届和第七届海洋学科评议组秘书、山东省气象学会副理事长、中国海洋大学研究生院常务副院长以及海洋与大气学院党委书记等职务。

傅刚教授长期从事海洋气象学研究和教学工作，主要研究领域包括极地低压、海雾、海上爆发性气旋、台风等。他先后主持完成了4个国家自然科学基金、1个863计划项目、1个中国气象局行业专项。参加完成的"海雾数值预报系统"项目获得原总装备部"军队科技进步二等奖"。他所从事的海洋气象研究内容被专家们认为具有明显的战略性和前沿性，研究成果也具有系统性及创新性。他编著出版的《海洋气象学》填补了我国海洋气象领域中的空白。

傅刚教授

结缘海洋科学研究

1980 年 9 月，我考入了山东海洋学院（现中国海洋大学）的海洋气象学专业，从此开始了与"海洋气象学"的缘分。到现在 40 多年来，我一直从事热带气旋、极地低压、海雾、爆发性气旋等方面的研究，教学和学术活动一直受"海洋气象学"的浸染。可以说，我与"海洋气象学"有难解难分之缘，正所谓"穿云破雾瞰沧海，春风秋雨总关情"。

浩瀚的海洋不仅是生命的摇篮，还是风雨的故乡。

长期生活在海边的人们，往往都有感受台风、气旋、海雾、风暴潮、海上大风等"海洋气象"现象的经历。但如何从感性方面和理性方面来系统地认识什么是海洋气象学并非易事。

记得在大学四年级即将毕业的那个学期，我选修了秦曾灏教授的《风暴潮导论》课程。我清楚地记得秦曾灏老师第一次上课时就在黑板上非常工整地写下了世界气象组织 (World Meteorology Organization) 关于海洋气象学的中英文定义：海洋气象学是气象学的一个分支，主要研究海洋上的各种大气现象，这些大气现象对海洋深处和浅处的影响，以及海洋表面对大气现象的影响 (Marine meteorology is a branch of meteorology which is concerned with the study of atmospheric phenomena above the oceans, their influence on shallow and deep sea water, and the influence of the ocean surface on atmospheric phenomena)。当时我既感到非常新鲜和好奇，又懵懵懂懂，先认真地在一本硬皮笔记本上抄下了"海洋气象学"的中英文定义。多年之后翻看大学时代的笔记本，不仅当时听课的情景历历在目，当时激动的心情也被悠然唤起。

初会极地低压 "Polar Low"

1995 年 10 月至 1999 年 3 月，我有幸被国家教育委员会公派到日本东京大学海洋研究所去攻读博士学位。当时，我没有日语基础，关于日本的知识几乎为零，曾犹豫再三，想到学校外事处退掉这个公派留学机会。在高瞻远瞩的系主任周发琇老师和王赐震老师的劝说下，我硬着头皮奔赴长春东北师范大学留日预备学校进行日语培训。在经过了为期 10 个月的"魔鬼般"的日语强化训练后，1995 年 10 月 4 日我们全班 80 人分别奔赴日本的各个学校开始了留学生活。

日本东京大学海洋研究所海洋气象研究室自 20 世纪 60 年代成立，一直在进行海洋气象学的研究。该研究室的小仓义光 (Yoshimitsu OGURA) 教授、浅井富雄 (Tomio ASAI) 教授、木村龙治 (Ryuji KIMURA) 教授、新野宏 (Hiroshi NIINO) 副教授都是世界著名的海洋气象学家。在日本的三年半时间里，我争分夺秒地刻苦学习，我的研究课题是关于冬季日本海上中尺度爆发性气旋极地低压（Polar Low）的。

极地低压是在冬季中高纬度的海洋上发展的水平尺度为 200～1000 千米的小低气压。虽然与温带气旋和台风相比，极地低压的尺度较小，但由于在海上快速发展并伴随强风、暴雪等恶劣天气，所以对人类活动的影响很大。极地低压在冬季北半球的巴伦支海、挪威海、北海、格陵兰海、拉布拉多海、白令海等高纬度海洋上频繁

傅刚（左）与日本东京大学博士研究生导师木村龙治教授合影

傅刚 2001 年出版的英文专著 *Polar Lows: Intense Cyclones in Winter*

发生，在纬度相对较低的日本海也很常见。

在导师木村龙治教授和新野宏副教授的指导下，我努力拼搏，只用三年半就获得了日本东京大学的理学博士学位，是海洋气象研究室自成立以来首个在三年半时间里获得博士学位的研究生。1999 年 3 月回国后，在管华诗校长的鼎力支持下，我把攻读博士学位期间完成的学术成果整理出版了英文专著 *Polar Lows: Intense Cyclones in Winter*。

系统开展海雾研究

每年春季，青岛沿海都会迎来一种独特的景观——平流雾。每当此时，登上海滨的信号山，可以看到东部的高楼在雾气中时隐时现，而雾气在夜间灯光的辉映下流光溢彩，整个岛城宛若云间仙境。但欣赏美景的人或许并不知道，这样的天气，在海洋气象学领域与暴雨、台风同是蓝色海洋上的高影响天气。而对于平流雾，美国国家航空航天局还有一个形象的称谓——雾毯。有统计数据显示，海雾已经成为主要的海洋气象灾害之一，全球近 80% 的海难与海雾有关。在我国近海发生的船舶碰撞事故，也有 70% 与海雾有关。每年因海雾造成的经济损失已经与台风、龙卷风造成的经济损失不相上下。

青岛海洋大学（现中国海洋大学）的王彬华教授是世界上开展海雾研究的先驱之一。他自 20 世纪 40 年代就开始研究海雾，其标志性成果《海雾》一书于1983年出版，1985年被翻译成英文在世界各地发行。以我和张苏平教授、高山红教授为核心成员的海雾研究团队，发扬老一辈科学家的优良传统，成为国际上开展海雾研究的重要研究团队之一。从北京奥运会海上项目比赛到青岛上合峰会召开，再到庆祝人民海军成立70周年海上阅兵等，背后的气象预报都有海雾研究团队的影子。具有光荣传统的海雾研究团队在本领域已经走在世界前列。然而我最初开展海雾研究的契机与一个鲜为人知的故事有关。

我在日本东京大学海洋研究所海洋

中国海洋大学海雾研究团队（前排左起：傅刚、张苏平、高山红，后排左起：刘敬武、李鹏远、衣立）

气象研究室攻读博士学位期间，同样在该研究室在职攻读博士学位的中西干郎先生（他当时已经在日本气象协会工作）介绍了他本人的博士学位论文《霧の内部構造の数値的研究とそれを応用した予報モデルの開発》的主要内容。大家就论文讨论完毕后，有一段自由交流的时间。我当时对海雾研究是门外汉，但知道王彬华先生出版过《海雾》一书，自由交流时就讲到此事。我清楚地记得当时木村龙治教授听了之后，马上用日语说道："ちょっと待ってください（请稍等片刻）。"他搬来一个小型金属梯子，站到梯子上从他的那顶到天棚的书架上取下 *Sea Fog* 一书，与我进一步交流："你说的是这本书吧？"我出国前只知道有中文版《海雾》一书，但不知道有英文版。我接过书翻阅之后回答道："正是此书。"木村龙治教授回答道："了不起！这是关于海雾研究的唯一的书。"此幕情景在我的脑海里留下了极其深刻的印象，促使我进行了深刻反思，也成为我从日本东京大学毕业回国后开始海雾数值模拟研究的重要原因。

1999 年 3 月，我回国后旋即在周发

琇教授的帮助下指导研究生开始海雾三维数值模拟的研究。2002 年 11 月，我与张涛、周发琇三人合写的论文《一次黄海海雾的三维数值模拟研究》在《青岛海洋大学学报》上发表，这是国内第一篇有关海雾三维数值模拟研究的论文。从此我与张苏平教授、高山红教授合作开展海雾的数值模拟研究工作，先后承担了 4 个国家自然科学基金项目、1 个 863 计划项目和 1 个中国气象局行业专项等科研项目，全方位开展中国近海海雾研究。我们不但开展了海雾观测研究，还建立了海雾数值预报系统。该系统已稳定运行了十余年，被业界称为"中国海洋大学海雾预报系统"，先后在中国气象局台风与海洋预报中心、原国家海洋局、海军原北海舰队、山东省气象台、青岛市气象台、河北省气象台、天津市气象台等多家业务单位开展应用，《中国气象报》《山东画报》、青岛电视台等媒体曾进行专门报道。海雾预报结果为 2008 年夏季北京奥运会的青岛帆船赛、2018 年青岛上合峰会的天气预报提供了重要的参考。2011 年我们出版了英文专著 *Understanding of Sea Fog over the China Seas*，该书是继王彬华教授在1985 年出版的英文专著 *Sea Fog* 后，中国学者出版的第二本关于海雾的英文学术专著，是中国学者在 21 世纪第一个 10 年里海雾研究的重要成果，描绘了海雾研究的未来方向，提高了对中国海海雾的认识水平。团队还获得了多项专利，先后有15 人次参加第 5 届至 8 届国际 Fog, Fog Collection and Dew 大会，并作大会报告。至 2020 年，团队共培养了 7 名博士研究生和 43 名硕士研究生，他们都成长为各个单位的科研和业务骨干。

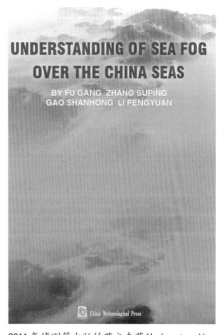

2011 年傅刚等出版的英文专著 *Understanding of Sea Fog over the China Seas*

赴北极黄河站科学考察

中国首个北极科学考察站——黄河站于 2004 年 7 月 28 日在挪威斯匹次卑尔根群岛 (Spitsbergen Archipelago) 北极科考基地新奥尔松 (Ny-lesund) 建成。黄河站位于北纬 78° 55′、东经 11° 56′，是一栋红色的两层楼房，包括实验室、办公室、阅览休息室、宿舍、储藏室、卫生间等 34 个房间，总面积大约 567 平方米，可供 18 人同时工作和居住，并且建有用于高空大气物理等观测项目的屋顶观测平台。

2009 年 8 月 4 日到 8 月 20 日，我受

2009 年 8 月 16 日傅刚在北极黄河站进行科学考察

原国家海洋局极地考察办公室派遣，赴北极黄河站开展以"北极地区夏季海雾（低云）的研究"为主题的科学考察。在黄河站经常可以观测到半山腰处薄雾缭绕。我们工作 15 天来的统计分析表明，低云下降接触到地面形成雾的情形大约占 70%，太阳升起后立刻云消雾散的情形大约占 10%，其他情形是低云（雾）与太阳相互遮挡，这种情形大约占 20%。

在北极黄河站工作的半个月里，我不仅增进了对北极海雾的新认识，还有很多感想，写了不少诗，特录一首，以抒情怀。

难忘黄河站

黄河之水跃九天，降至北极王湾畔。

低云徘徊群岛中，薄雾缭绕半山间。

冰川极光述旧事，夜去昼来话新篇。

驯鹿极狐伴我行，一生难忘黄河站。

出版《海洋气象学》教材

海洋气象学是研究海洋上的大气现象以及海洋与大气相互作用规律的学科，其研究内容不仅包含海上各种天气系统和天气现象的动力学过程，还包含海上大气和海洋上层及深层相互作用的物理过程，它是大气科学和海洋科学共同研究的领域，不仅有助于大气科学工作者深刻理解海洋上的天气系统的生消和演变的动力学和热力学机制，了解海洋气象灾害过程和海洋在全球天气和气候变化中的作用，也有助于海洋科学工作者了解海洋内部对海上天气现象和气候变化的响应特征，提高日益增多的海上航运和海上作业的安全保障能力。

海洋气象学对于海洋相关从业者相当重要。可以说没有海洋气象学所提供的高质量气象信息，就不可能保障各种海上活动的顺利开展。海上石油勘探、海上油气工程施工、跨海大桥建设、沿海高速公路运行、远洋运输、海上搜寻与救援、港口货物装卸、民航飞行安全保障等无不与海洋气象学有关。因此，开展海洋气象学研究可以为海洋强国建设提供有力的战略支撑。

1987 年我硕士毕业留校工作以来，一直从事关于日本海极地低压、海雾、爆发性气旋等方面的研究，并一直在思考什么是海洋气象学。我先后搜集到了 3 本关于海洋气象学的教科书：德国学者 H. U. Roll 在 1965 年著的 *Physics of the Marine Atmosphere*，日本学者小仓义光和浅井富雄在 1975 年合著的《海洋气象》，北京大学周静亚教授和杨大升教授在 1993 年合著的《海洋气象学》。

在学习了先辈们的著作后，2004 年萌生了写一本海洋气象学教科书的念头。我先后多次与中国海洋大学海洋气象系秦曾灏教授、周发琇教授、刘秦玉教授等交流过学术思想，还与美国国家自然科学基金委员会的陆春谷教授、德国海岸带研究所前所长 Hans von Storch 教授，德国不来梅大学 Annette Ladstaetter-

Weissenmayer 教授、克罗地亚斯普利特大学的 Darko Koračin 教授、日本东京大学的木村龙治教授和新野宏教授等讨论过海洋气象学概念的内涵等问题。经过 10 多年思想上的碰撞、斗争和煎熬，《海洋气象学》初稿于 2017 年 8 月 10 日终于写就。书稿经过中国海洋大学出版社编辑们的审读，我又先后对内容进行了 10 次文字修改。中国气象局丁一汇院士在百忙之中为本书撰写了序言。书中还介绍了 10 位"气象风云人物"，目的是传承大气科学的研究历史，激发青年一代从事海洋气象学研究的热情和斗志。该书填补了海洋气象学领域的空白，先后得到美国、德国、日本、克罗地亚、塞尔维亚等国学者的好评，在复旦大学、中山大学、广东海洋大学等高校作为重要的教学参考书或教材使用。

德租占青岛时期气象资料完整回归

青岛是中国现代气象科学的发源地，是 1924 年 10 月 10 日中国气象学会的诞生地，是我国最早开展气象观测的台站之一。自 1898 年起德国人在青岛就开展了气象观测。早期的青岛气象观测内容包括气温、气压、风向、风速、相对湿度、云量、降水等。风风雨雨百余年，经历多次战乱，青岛的气象观测一直未中断。但遗憾的是，青岛早期的原始气象记录被带到德国，保存于汉堡气象局，成为中国近代气象史上的一个空白点。作为一个气象学家，我多年来在工作中不断在搜寻这些原始气象资料。功夫不负有心人，在与德国气象学家的合作中，我的努力得到了他们的理解和支持。

2011 年暑期，德国海岸带研究所所长 Hans von Storch 教授到中国海洋大学进行学术交流，向我赠送了 1898 年至 1909 年德国人在青岛观测的气象资料电子版。2012 年 9 月，我和陈学恩教授去德国回访，在 Hans von Storch 教授的引荐下，结识了时任德国气象学会主席的 Gudrun Rosenhagen 女士。经过商谈，我们终于在汉堡气象局大楼的阁楼上见到了青岛早期气象资料原件。回国后我们即把这些信息通报给了青岛市气象局顾润源局长。2013 年 6 月在 Hans von Storch 教授来青岛访问期间，顾局长邀请他到青岛市气象局进行座谈。Hans von Storch 教授说，根据德国法律，中国有权索要这些资料，并且别的国家在此方面有成功的先例。

经中德双方的共同努力，存放在德国汉堡气象台的青岛气象原始记录 (1898 年至 1909 年) 完整地回归青岛。2014 年 4 月 8 日上午，100 多年前德国租占青岛时期的珍贵气象资料回归仪式在青岛市气象局举行。德国气象学会主席 Gudrun Rosenhagen 女士及丈夫 Rosenhagen Wolfgeorg 先生、德国海岸带研究所所长 Hans von Storch 教授、青岛市政府原市长助理武铁军、中国气象学会、山东省气象局和青岛市气象局的有关人员，我和陈学恩教授等出席了仪式。

青岛市气象局顾局长指出，正是在德国气象学会主席 Gundrun Rosenhagen 女士、Hans von Storch 教授，中国海洋大学、青岛市气象局等的部门领导和专家们的共同努力下，存放在德国汉堡气象台的青岛气象原始记录 (1898 年至 1909 年)

2012 年 09 月 12，傅刚教授（右一）与 Gundrun Rosenhagen 女士、Hans von Storch 教授在德国汉堡气象局阁楼查看青岛的气象资料

青岛气象历史资料回归交接仪式（右一为傅刚）

才得以完整地回归青岛。青岛市气象局向我和陈学恩教授、Gundrun Rosenhagen女士、Hans von Storch教授表示了感谢，并颁发了证书。青岛市气象局向Gundrun Rosenhagen女士颁发了气象资料接收证明。这些气象原始记录资料将由青岛市气象局和青岛市气象学会永久收藏。

系统开展爆发性气旋研究

海洋是地球天气和气候的能源库和调节器，它不仅与大气间有动量、热量和水汽的交换，而且是各种尺度的大气涡旋系统的诞生地。

温带气旋是中纬度地区每日"天气舞台"上最重要的"演员"。有一类温带气旋在其快速发展过程中会带来不亚于热带气旋的破坏效果，这类气旋被称为"爆发性气旋"(explosive extratropical cyclone)或"气象炸弹"(meteorological bomb)。这是一种在秋冬季中高纬度海洋上频繁发生、快速发展的温带气旋系统，其水平尺度为2000~3000千米，生命周期为2~5天，具有在短时间内中心气压急剧下降、风速迅速增大的特点。爆发性气旋移至海上后迅猛发展，在卫星云图上常

2018 年 4 月 6 日 傅 刚 教授（右三）带领青年 教师和研究生们赴德国 Trier 大学参加爆发性气 旋国际学术研讨会

伴随有锋面系统和紧密的"螺旋云团"。

在国家自然科学基金两个面上项目的支持下，我领导的研究团队对大洋上的爆发性气旋开展了系统性研究，先后在国际学术刊物上发表了 30 多篇论文，这些论文丰富了对爆发性气旋的研究内容，加深了人们对爆发性气旋的理解和认识。2021年 5 月，50 余万字的学术著作《爆发性气旋》写就，作为课题研究成果将由科学出版社出版。

2021 年 3 月 23 日世界气象日的主题是"海洋，我们的气候和天气"。《气象》杂志特邀我撰写了专栏文章《爆发性气旋

的前世今生》。文章详细回顾了爆发性气旋研究的历史，梳理分析了不同的定义及分类、气旋发生发展机制等，最后从观测事实、认识水平、预报精度 3 个方面对未来研究前景进行展望。我长期从事海上爆发性气旋研究工作，对此有着深厚感情，在此附小诗一首以抒怀。

爆发性气旋

纤柔低涡立槽前，冲天一吼似爆弹。
疾风狂扫千尺雪，惊涛怒卷万仞澜。
源源平流输涡度，湍湍加热送温暖。
上下反馈传能量，摧枯拉朽震宇寰。

我的文学梦

1987年我毕业后留校，一直在教学第一线工作，常有机会"舞文弄墨"，在报纸杂志上发表了不少作品。我非常感激高中阶段的语文老师钱大宇当年给我们打下的良好基础。

1978年，我在青岛市城乡接合部一所中学的理科班就读。那年是恢复高考后的第二年，在中学生当中流行的口号是"学好数理化，走遍天下都不怕"。我在初中时就偏科，喜欢琢磨数学和物理题，但很不喜欢语文。记得第一次上语文课前，就听初中在该校学习的同学说校办工厂的"摘帽右派"钱大宇"师傅"要给我们上课。钱"师傅"操着一口江浙口音，个头不高。他上课一般都不带课本，只在黑板上写下几个大字后就侃侃而谈。40多年后的今天回忆他讲的第一堂课，清楚地记得他强调了语文学习的重要性。他还要求以自己的亲身感受和经历，自己命题写一篇作文，自愿上交。他出的题目与当时流行的中学生作文题目如"记一次有意义的学农劳动"等大不相同。我花费大约两周的时间写了一篇名为《无名之花》的作文，大意是在一次学校组织的清明节为革命烈士扫墓活动中，我看到了烈士墓前有很多粉红色的"无名之花"，由此联想到无数革命先烈为民族独立和人民解放而抛头颅、洒热血，建立了丰功伟绩，他们就像这些"无名之花"一样。作文上交后的某天课间，钱老师把我叫到他的办公室，先对我的作文构思和结构等进行了点评，然后逐字逐句地给我讲解修改意见，最后要我修改后再给他看。过了没多久就有同学传悄悄话，说傅刚的文章发表了。课前课后我也注意到了一些异样的目光。后来才知道钱老师把我的作文《无名之花》修改后送到区文化馆的一个文艺报的副刊上发表了。当我看到原来修改得密密麻麻的文章变成铅字印刷的文稿时，心中不但充满了对钱老师的感激，而且也理解了钱老师的良苦用心，坚定了把语文学好的决心。

由于钱老师的循循善诱，我所在的理

海洋科学家手记（第二辑）

科班大多数同学逐渐改变了过去轻视语文学习的不良习惯。钱老师利用课余时间自己刻蜡纸油印《诗经》《离骚》等名篇发给我们阅读，他不但给我们讲风、雅、颂，还讲形式逻辑的概念、判断、推理。由于他的不懈努力，同学们不但开阔了视野，摈弃了过去只注重数、理、化的狭隘观念，而且极大提高了学习积极性。后来我个人成长的经历正如科学巨匠钱学森所说，一个大写的"人"必须由科学与人文两个支柱来支撑。

结束语

从 1980 年我敲开"海洋气象学"之门开始至今 40 多年已经过去，我完成了从"青葱少年"到"海洋气象学家"的蜕变，培养了 30 余名博士研究生和硕士研究生，出版了 4 部专著，发表了 120 余篇学术论文，可以说我与"海洋气象学"有不解之缘。

最后特录写过的两首诗，以结束我与海洋气象学的情缘的故事。

海雾

没有彩虹的绚烂，

没有云海的壮丽，

没有冰雪的严寒，

没有风暴的狂激，

蔚蓝色的海雾，

你是广袤海洋温柔的女儿。

身披曼妙轻纱，

来自茫茫天际，

呈虚光幻影，

显光怪陆离。

风霜是你的姐妹，

云雨是你的兄弟。

你用天鹅绒般的丝绸为情人搭起帷帐，

你用湿润的歌喉赞美梦乡的甜蜜。

晨风衬托你的温柔，

晚霞伴随你的安逸。

这就是蔚蓝色的海雾，

我愿献毕生精力揭示你的奥秘。

气旋之歌

诞生于浩瀚大气中的微小涡环，

成长于水汽充沛的热带洋面。

地球母亲赋予你旋转的灵魂，

温暖海洋是你永不枯竭能量的源泉。

你携风带雨，雷鸣电闪，

你摧枯拉朽，磅礴走丸。

广袤天空中你展现螺旋形的翅膀，

滚滚乌云也无法遮挡你明亮的"眼"。

你昂首挺胸跋涉千里，

你气势如虹勇往直前。

无声无息从来不是你的品格，

惊天动地更彰显你是真正男子汉。

虽然说涡旋运动是自然界中一种普遍的运动形式，

但你却是茫茫宇宙中的一大奇观。

滴水入海追蓝梦，浓浓真情海药人

海洋药物学专家 于广利

科学家简介

于广利，中国海洋大学教授、博士生导师，海洋药物学专家，享受国务院政府特殊津贴。国务院第七届与第八届药学学科评议专家、科技部"十二五"863计划主题专家组成员、教育部"长江学者和创新团队发展计划"创新团队带头人、山东省"泰山学者攀登计划"专家。现任青岛海洋科学与技术试点国家实验室海洋药物与生物制品功能实验室副主任、山东省糖科学与糖工程重点实验室主任、中国药学会海洋药物专业委员会副主任委员、中国药监局药品监督管理研究会理事、青岛市药学会副理事长。

于广利教授长期从事海洋药用资源研究，率先建立了海洋糖类化合物提取分离和结构分析、糖芯片与肠道微生物筛选评价、海洋糖类药物开发链条完整的研发体系，主导构建了第一个海洋糖库，参与 7 个海洋糖药物产业化及临床前研究；主持抗肿瘤新药 BG136 和抗 2 型糖尿病新药 HS203 等 4 个新药系统临床前研究。荣获国家技术发明奖一等奖（第 2 位）、海洋科学技术奖二等奖（第 1 位）、山东省科技进步奖二等奖（第 1 位）等科技奖励 8 项，2019 年获中共中央、国务院、中央军委授予的"庆祝中华人民共和国成立 70 周年"纪念章，2021 年获山东省优秀科技工作者荣誉称号。

结缘海洋科学研究

1964 年，我出生在威海市文登区小观镇万家口村。家中有 5 个孩子，我排行第二，是唯一的男孩。我家四周是山丘，周围有很多水库，门前有一条自西向东流、长约 2 千米的小河。我小时候与伙伴们捉泥鳅和青蛙、游泳玩耍，对水生生物特别感兴趣。我的小学和初中生活在本村设立的学校度过，我的高中生活是在离家较远的小观和泽头中学度过的。记得有一年暑假，一位中学同学带我到他家附近的海边玩耍。当见到无边的大海和海滩上无数小螃蟹时，我就有了想报考海洋大学、从事海洋生物研究的梦想。

1984 年，我如愿考入了以海洋生物研究为特色的教育部重点高校山东海洋学院（现中国海洋大学），成为一名大学生。大学 4 年里，我刻苦学习、成绩优良，先后任生活委员、班长职务，被评为校级优秀团员、校级三好学生，并光荣地成为一名中国共产党党员。1988 年，我有幸留校，在管华诗院士新成立的海洋药物与食品研究所工作，从而踏入了海洋药物及生物制品研究与开发的大门，与海洋药用生物资源的高值化利用结下良缘。

自 1988 年留校工作后，我一直跟随我国海洋药学学家、共和国老一辈教育家管华诗院士从事海洋药物（如 PSS，PMS，HS971 等）及系列功能制品（如东海三豪、海珍健

于广利（后一）与导师管华诗院士（前一）合影

身宝、排铅奶粉等）的研究与开发。我曾作为副厂长参与青岛海洋大学永海企业有限公司的系列产品开发及生产管理，也参与了管华诗院士开发上市的我国第一个海洋药物藻酸双酯钠（PSS）的产业化研究，以及海洋新药甘糖酯（PMS）等药物临床前研究。作为本科生参加工作后，我深感工作头绪多、任务艰巨、知识储备不足，但我有一颗年轻人应具备的虚心请教、主动学习与坚韧不拔的精神。在前辈的指导和自己刻苦努力下，我先后在 1996 年和 2004 年获得了硕士学位（食品化学方向）和博士学位（海洋药物方向），并作为访问学者先后到美国、法国和英国一流实验室深造，拓展研究领域，并于 1997 年晋升为副教授，2002 年晋升为教授，建立了自己的实验室和 40 多人的科研团队，逐渐成为一名能为国家和社会服务的海洋生物资源利用领域专家。

成功解决国际"肝素钠污染"事件

为了客观评价自己的身体健康状况，我们会定期到医院进行查体，而查体的重要项目之一便是抽血进行血液生化指标分析，包括血液中血细胞数量、各种转氨酶高低、疾病标志物的有无等。在取血过程中，护士存放血液所用的小试管中，含有一种防止血液凝固的硫酸多糖物质叫作肝素（Heparin）。作为一种临床必备的抗凝血和抗血栓药物，肝素在外科手术、骨关节置换手术以及新冠病毒感染所致肺微血管栓塞等医疗过程中有广泛的应用。

肝素最早由美国约翰霍普金斯大学（Johns Hopkins University）二年级的医科生 Jay Mclean 从狗肝中分离获得，1935 年应用于临床至今已有 86 年的历史。随着研究的深入，发现来自牛肺和猪小肠黏膜的肝素含量较高，是药用肝素的重要来源。但是，自从 1984 年欧洲爆发疯牛病后，从牛肺中提取药用肝素就受到了严格限制。迄今，国际药用肝素主要来自猪小肠。中国是一个养猪大国，猪小肠资源丰富，肝素原料药是 20 世纪 90 年代中后期中国生化药业出口创汇的重要产品之一（价格在 2 万 ~5 万元 / 千克），来自中国的粗品肝素约占全球肝素市场 60% 的份额。由于肝素利润较高，不法企业采用化学修饰方法制备肝素类似物添加到肝素中，致使 2008 年 2 月美国百特公司生产的"肝素纳注射液"（原料药是美国 SPL 控股常州公司）出现不良反应，导致美国 1000 人发生不良反应，81 人死亡，引起美国食品药品监督管理局（FDA）立案调查，称为肝素钠污染事件。

2008 年 8 月奥运会将在中国举办，肝素钠污染事件发生后，美国 FDA 质疑中国猪小肠来源肝素钠的质量，认为中国的猪以及猪饲料有问题，甚至说中国的食品安全难保障，不适合主办奥运会。该事件如果不能尽快处理好，有可能演变为政治事件，会直接影响奥运会的正常举办。针对该紧急事件，原国家食品药品监督管理局立即成立秘密应急解决小组，讨论解决办法。我是该小组核心 4 成员之一。

1999 年我在美国实验室开展的研究就是肝素及其结构类化合物的结构研究，我主动承诺短时间内对国产 29 批肝素钠样品进行研究，给出分析结果。我所在的中国海洋大学医药学院拥有国际一流的仪器设备（如 600 MHz 核磁共振波谱仪，LTQ-OrbiTRAP 高分辨质谱仪等），在糖类药物研究方面有 30 多年的积累，有独有的糖类化合物分离分析技术。我和 3 位研究生一起不分日夜地工作，在 7 天时间内完成任务，分别利用强阴离子高效液相色谱分离（sax-HPLC）技术，成功从污染的样品中分离获得杂质，并进一步采用醋酸纤维素膜电泳、聚丙烯酰胺凝胶电泳（PAGE）、高效毛细管电泳（HPCE）、核磁共振氢谱（^{1}H-NMR）和碳谱（^{13}C-NMR）技术，以及肝素酶降解技术，确定了该杂质为多硫酸软骨素（OSCS）。我们将结果汇报给国家药监局后，得到高度赞扬，也为我国与美国 FDA 交流提供了第一手数据。

实际上，多硫酸软骨素是以廉价的硫酸软骨素为原料，经过化学修饰引入硫酸酯基，再经氧化降解，得到的一种分子量及电荷密度与肝素类似的化合物。其被添加到肝素原料药中，而采用原有肝素检测标准无法进行区分。多硫酸软骨素注射到人体后，会引起低血压和休克等反应。我们国家 2010 年修订并提高了肝素钠原料药质量标准，可以做到严控多硫酸软骨素的污染。由于我国是肝素钠原料药出口大国，2014 年 5 位美国 FDA 技术专家专程来到中国，对肝素钠生产规模较大的南通天龙公司进行飞行检查。我作为国内专家应邀参加了为期 5 天的现场核查工作。该公司规范的肝素生产得到了美国 FDA 专家的好评。

2016 年，美国国会议员要求 FDA 重启牛肺肝素钠的进口，抗衡中国猪肠来源肝素钠。为了了解该提议在中国学界和产业界的反响情况，美国化学会 (ACS) 旗下《化学与工程新闻》(*C&EN*) 杂志记者对我进行电话采访，询问我对从牛肺中提取肝素的意见。我的建议是牛肺来源肝素的副作用高于猪肠来源的肝素，并且告诉他猪肠来源肝素提取分离以及结构控制技术成熟，已经在临床应用多年，可能出现的

副作用可以有效控制，安全性高于牛肺来源肝素，不建议启用牛肺肝素。该记者还提到了 2008 年肝素钠污染事件中中国政府的态度等，我全程参与该事件的解决，对该问题进行了明确答复，澄清了肝素钠污染事件美国"甩锅"中国的事实，维护了我国肝素类产品的国际声誉。

在参与该事件的解决过程中，我深刻体会到，作为一名科学家应在自己的研究领域有过硬的本领，核心技术要能与国际同步或领先，关键时刻能为国家发出正义的声音。此外，利用自己在肝素领域掌握的技术，我先后为 10 家企业提供技术咨询与服务，帮助相关公司获得 6 个肝素相关产品生产批件和 8 个临床研究批文，为肝素产品打破国际垄断，参与国际竞争做出了自己应有的贡献。

尽己所学服务社会

作为一名科研工作者，基础研究要立足国际前沿，而主动与国际一流科学家建立学术交流与合作关系是掌握本领域学术动态的重要环节。

为了拓展自己在糖科学研究领域的国际视野，我在 1999 年到美国爱荷华大学（University of Iowa）糖药物学专家 Robert J. Linhardt 院士实验室开展肝素寡糖制备及结构研究，2007 年到法国布雷斯特大学 Eric Deslandes 教授实验室开展海洋多糖构效关系研究，2008 年到伦敦帝国理工学院 Anne Dell 院士和 Ten Feizi

院士实验室分别学习糖组学（Glycomics）和糖芯片（Glycoarray）研究技术。利用所学国际先进的糖科学研究技术，我先后参与完成了糖化学与糖生物学领域国内首个 973 计划项目，主持完成了国家 863 计划、国际合作专项、国家自然科学基金、省部级课题和横向技术服务课题 60 余项，发表研究论文 300 余篇，其中科学引文索引 SCI 数据库收录 126 篇；申请国家发明专利 104 项、国际 PCT 专利 4 项，其中已获得授权 45 项，实现成果转化 7 项；系列研究成果先后荣获国家技术发明奖一

2007 年于广利（左）访问法国布雷斯特大学期间与藻类专家 Eric Deslandes 教授合影

2012 年于广利（左）参加国际糖化学会议期间与导师 Robert J. Linhardt 教授合照

于广利在"蓝色药库"开发高峰论坛作报告

等奖、教育部技术发明奖一等奖、海洋创新成果奖二等奖、山东省科技进步奖二等奖、山东省高校创新成果一等奖等 8 项科技奖励。尤其"海洋特征寡糖的制备技术（糖库构建）与应用开发"成果于 2009 年获得了国家技术发明一等奖，实现了海洋、水产、生物医药领域该奖项零的突破。系列科研成果得到了国内外同行的认可，我受邀参加与海洋药物和糖科学相关的各种学术会议、做大会联合主席、做大会特邀报告等，也成为教育部"长江学者与创新团队"负责人、国务院药学学科评议组

专家、国家"十二五"863 计划主题专家组成员、山东省"泰山学者攀登计划"专家等。

我想告诉青年人的是，虽然每个人的成长环境不同，成功的路径也不同，但青年人要有自己的梦想，要做对社会发展有价值的事情，而且做任何事情都要细致、认真，遇到挫折要有百折不挠的精神。另外，一定要和充满正能量的人一起做事，学会合作与分享。祝愿青年人早日成为国家的栋梁之材！

聚焦模式发展三十余载，
实现海洋预报国际引领

物理海洋学与预报模式专家 乔方利

科学家简介

乔方利，二级研究员，博士生导师，物理海洋学与预报模式专家。担任自然资源部第一海洋研究所副所长，国际欧亚科学院院士，联合国海洋十年规划与咨询委员会专家，国际知名学术期刊 *Ocean Modelling* 主编，联合国政府间海洋学委员会西太分委会（IOC/WESTPAC）共同主席，中国海洋研究委员会主席。国家科技部气候变化国家专项专家委员会副主任，973 计划项目首席科学家，国家基金委创新群体项目首席等。

乔方利研究员主要从事海洋与海气耦合模式研发工作，揭示了小尺度海浪在大尺度海洋环流与全球气候变化中的关键作用，将我国的海洋模式从长期的国际"跟跑者"推进到国际"引领者"。带领科研团队在国际上建立了浪致混合理论，并发现海浪在海气通量中的关键作用；解决了海洋模式半个世纪以来的模拟与预报不准确的难题，被国际上 10 余个研究组实测验证并实际应用，均大幅度提高了他们模式的模拟和预报精度，

实现了我国海洋模式从长期跟随到科技引领的跨越；建立了世界上首个包含海浪飞沫的台风模式，解决了国际持续数 10 年的强台风强度预报的系统性偏差难题；建立了两代包含海浪的气候模式，两次参加国际气候模式比较计划（CMIP5/6），将国内外气候模式的共性偏差减少约一半，本质性提升了气候预测的能力与水平；设计了超千万核的海洋模式高效并行算法，并行效率高达 36%，在国际海洋领域居于最前沿水平。

2016 年获国际高性能计算应用领域最高奖"戈登贝尔奖"提名；获国际北太平洋海洋科学组织（PICES）最高奖"伍斯特奖"。发表的论文被科学引文索引（SCI）数据库收录 200 余篇，获国家首届创新争先奖，享受国务院政府特殊津贴，获得第九届中国青年科技奖、国家首批"百千万工程领军人才"、山东省"泰山学者攀登计划"专家等系列荣誉称号，获多项省部级一等奖。

结缘海洋科学研究

1966 年，我出生于山东省庆云县的一个农民家庭。虽然家里条件一般，但我们 5 个兄弟姐妹全部考入大学，在当地传为美谈。记得我在邻村读初中时，每天要在家与学校之间往返数次，放学后先做完家务才有时间学习，经常在煤油灯下学习到深夜。做饭、割草、锄地、赶车，农村的活计我从小就样样精通。儿时的艰苦生活也使我明白，唯有读书，才能走出农村，去看看外面的大千世界。

从小学到高中，我的学习成绩一直名列前茅。1984 年，我以全县第一的高分考入山东海洋学院（现中国海洋大学）海洋系，学习物理海洋学专业，开启了我探秘海洋、逐梦深蓝的征程。

虽然我的家乡和渤海仅几十千米之隔，但受经济和交通条件的限制，我上大学之前从未见过大海。我对海洋的第一印象仅仅来自世界地图，一直觉得海洋非常神秘，所以很想亲眼看看她到底是什么样的。这也是我选报物理海洋学专业的初衷。

青年时期的乔方利

上大学后，我很快意识到自己做了一个正确的选择。物理海洋学专业主要研究海水的运动，既是海洋科学的基础与核心，也是学校的王牌专业。我对这一专业兴趣十足，如饥似渴地汲取知识，期待着有一天能够掌握海水运动的规律，揭开海洋的神秘面纱，为祖国做贡献，为人类造福。

整个大学期间，我的成绩一直名列前茅，毕业时成为全校 8 个保送攻读硕士研究生的学生之一。

海洋预报的"芯片"——海洋模式

什么是海洋模式？

海洋科学的终极目的之一是精确预测海洋的变化。物理海洋中，这一预测过程就是将海洋模式与大型计算机结合，再将实际观测资料纳入模式中（称为同化），对未来几天甚至更长时间的海洋环境进行预报。海洋模式是进行预报的核心，海洋中的模式相当于电子工业中的"芯片"。

海洋模式的发展受到人类对海洋科学的认知程度、数值算法、计算机硬件、同化技术和观测资料等诸多限制，是一项多学科深度交叉的系统性科学工程。模式可以用来预测未来，可以用来复原过去海洋的状态，也可以用来开展不同条件下的科学实验，来加深我们对海洋过程的科学理解，以及直接服务于海洋综合管理。

过去大半个世纪，国际上发展了很多不同类型的海洋模式，主要原因如下：第一，数值模式把海洋分成一个个网格，在每个网格上进行数学计算，比网格小的尺度只能通过参数化进行表达，而参数化是不确定的，这样使得控制方程中出现了不确定项，不同的模式在不同物理过程中采用不同的方式来处理这些不确定项；第二，在计算中不同模式把海洋分成大小、形状不同的网格，采用不同差分方式，这是数学算法的相异；第三，其他不同，如水平和垂直方向采用什么样的网格与坐标等等。

模式发展一直受到社会重大需求的驱动。比如，海浪模式的发展来源于第二次世界大战诺曼底登陆的需求；海洋模式不仅事关国家安全，还直接服务于防灾减灾，如对巨浪、风暴潮和海啸等海洋灾害的预报；气候模式的发展则来自人类对气候系统崩溃的隐忧。

海洋的热容量远远高于大气，海面以下 3 米海水的热含量与全球大气相当。人类温室气体排放造成全球气候变暖，但温室气体造成的热量增加 90% 以上进入了海洋。可以说，如果没有海洋这个全球"空调"，地球系统或已崩溃。因此，海洋模式的研究与发展不仅仅涉及海洋本身，而且可以帮助人们探寻气候的变迁和台风的生成与演化。

海洋模式是国家海洋科技实力的核心体现，目前的国际主流海洋模式都是科技发达国家的科研人员发展起来的。比如，第一个海洋模式1967年由美国地球流体力学实验室（GFDL）建立，欧洲多国联合发展了Nucleus for European Modelling of the Ocean（NEMO）海洋模式，等等。随着海洋强国建设的不断推进以及海洋命运共同体理念深入人心，发展国际领先的自主海洋模式已成为我国的迫切需求。

形成海洋动力系统学术思想

长期以来，我国科学家在海洋模式发展方面进行了不懈努力。但总体来看，海洋模式由欧美等海洋科技发达国家主导。另外，从海洋模式诞生至今，所有的模式一直存在巨大的共性偏差，这些共性偏差制约了海洋环境的预报能力，但也是我国发展新型海洋模式的巨大契机。发展新模式，需要首先从思想上取得突破。

我攻读博士期间师从著名物理海洋学家、中国工程院院士袁业立。我与导师对海洋模式进行了深入探讨，经过大量分析研究，我们认识到以往海洋模式的研究忽视了海浪的作用。在海洋这一复杂环境中，海浪、潮流、环流是共生的，存在非常强的相互作用，但由于以往研究能力不足，国内外海洋学界一直将海洋人为地分解成海浪、潮流、环流等独立学科方向，而对于各运动之间的交叉研究很少。这种简化方法在早期促进了对海洋科学的认知，但随着相关科学和计算机技术的快速发展，模式发展需要新的理论思想来支撑。

基于上述认识，在袁院士指导下，我带领团队围绕海洋湍流这一世界难题长期攻关，揭示了海浪产生湍流的机制，原创性地建立了浪致混合理论，在国际上率先实质性地将海浪、潮流、环流在模式中耦合起来，建立了全球首个"海浪 - 潮流 - 环流耦合"的海洋模式（FIO-COM），大幅提升了对上层海洋混合层的模拟与预测能力，实现了我国海洋模式的跨越式发展。时至今日，长期引领海洋模式发展的美国和欧洲国家均应用了我国建立的浪致混合理论，显著改进了其数值模式。另外，该理论还被德国、法国、英国、瑞典、匈牙利、澳大利亚、加拿大等多国不同的模式研发中心实际应用，其海洋模拟与预测能力均大幅度提升。基于上述科学贡献，我于2014年荣获北太平洋海洋科学组织（PICES）最高奖"伍斯特奖"，这是该奖项自2001年设立以来首次颁发给中国学者。

发展海洋模式的过程中，由于运算量巨大，必须通过超级计算机实现。运算速度全球"三连冠"的"神威·太湖之光"超级计算机为FIO-COM的运行及应用提供了重要支撑。我带领团队突破了并行计算中的若干关键技术，使用了全机1000多万个CPU核，在全球范围内首次实现了海洋模式超千万核的高效并行，并行效率高达36%，处于国际前沿水平。这一成果获得2016年国际计算机协会计算机应用最高奖"戈登·贝尔奖"提名，这也是该奖项自1987年设立以来首次有中国项目入围。

发展我国自主海洋模式

随着我国综合国力的快速增强以及海洋科技的腾飞，发展自主海洋模式的呼声越来越高。自主模式需要满足如下3个条件：第一，需要有自己的模式发展理念和核心思想；第二，需要有自己的核心理论和技术突破来支撑新型海洋模式；第三，新发展的模式性能要显著优于已有的模式。三者缺一不可。模式发展需要避免换汤不换药的低水平重复；应该避免"发展模式"和"使用模式"的本质差别；更应该避免业务化运行与模式研究混杂不清等。实践是检验真理的唯一标准，海洋模式的发展完善也要经得住预报精度对比检验这个"金标准"的考验，才会对世界海洋和气候模式的发展做出原创性贡献。

以我国发展海洋模式作为个例进行解剖分析，第一，我们提出了海洋动力系统的学术思想，打破了国内外海洋动力过程中海浪、潮流和环流分治的传统动力学框架，提出发展浪潮流耦合模式的新思想。这是新的系统科学思想与我国优秀传统思想的有机结合，因为我们中华文化历来认为"头痛医头"是不全面、甚至不正确的。第二，我们建立了浪致混合理论，揭示了波浪在海洋与大气交换中的核心作用，突破了超大规模高效并行计算的核心技术，

乔方利在考察船上

首次考虑了海浪在海气通量中的作用以及海洋与海底的热量交换，这些科学与技术的突破均处于海洋科技的国际最前沿。第三，大幅提升了海洋模式、台风模式和气候模式的模拟与预测能力，经国际上十余个国家独立检验，均能大幅度提升其模式能力，显著减小了模式的共性偏差。

模式发展是一项系统工程，海洋模式发展需要吸纳最新的科学研究成果和模式发展的历史智慧。但纵观国内外海洋模式发展的历史，绝大部分科学研究还难以支撑模式的发展，大量文章处于"听起来很对、放到模式中就错"的尴尬境地，这也是发展模式极为艰难的原因。绝大部分科技工作者是在使用模式，仅有不足 1% 的科技工作者去发展模式。海洋模式发展需要十年磨一剑的韧性。核心科学与技术借不来也买不来，绝不是来自灵光一现，而是来自一线科技工作者锲而不舍的探索。

大幅度提高台风预报水平

台风对沿海地区人民的生命财产安全构成巨大威胁。过去近 30 年，世界各国科学家通过联合技术攻关，大大提升了台风路径的预报精度，但台风强度的预报几乎没有进展。台风过程的极端复杂性，是造成这一预报难题的根本原因。

台风预报包括路径预报和强度预报两个重要指标。长期以来业内一直认为影响台风强度的是海洋上层特别是海洋表层的温度。现在看来台风过程比原来想象的要复杂得多，因为海浪破碎以后，大量飞沫会进入大气中，这个过程在海洋与大气之间传递了很多热量。由于原来模式没有考虑飞沫，就难以把台风强度准确预报出来。

我在研究中认识到，台风强度预报技术一直没有突破的原因是缺乏对海洋与大气界面精细物理过程的科学认知。为此，我带领团队经过 10 余年科技攻关，在海气界面湍流过程这一国际难题上取得突破，发现海浪破碎产生的飞沫可以大幅度增加海洋与大气之间的热量传递，从而使得台风变强；而海浪产生的湍流混合以及降雨过程则可通过降低海表温度、减少海气之间的热交换使得台风变弱。增加上述两个相互竞争的物理过程，显著提高了台风强度的预报准确性。

基于上述新的科学认知，我们发展了一套适用于台风科学研究及实际预报的海气耦合新型台风模式。我自 2010 年开始关注这个课题以来，2014 年改进了台风路径预报，2017 年改进了台风强度预报，2018 年对外发布了这一新型台风模式，目前正在与国家气象部门合作进行业务化测试，预计很快会直接服务于台风预报及防灾减灾。

提升人类气候变化预测能力

乔方利在考察船上工作

近几十年来，气候变化不仅是科学前沿，也是国际气候外交谈判的重要组成部分。气候模式是气候预测的核心，是国家科技综合实力的重要体现。美国国家海洋和大气管理局（NOAA）在其建局200年庆典中选择发布了10项重大科技突破，排在首位的便是其"在国际上率先建立了气候模式"，而对人们产生重大影响的全球定位系统GPS位列第四。另外，近日首次利用气候模式研究二氧化碳对全球增温效应的美国地球物理流体力学实验室（GFDL）科学家真锅淑郎获得2021年诺贝尔物理学奖，气候模式的重要性可见一斑。但是国内外所有气候模式均存在巨大偏差：我们熟知的厄尔尼诺现象，可导致赤道东太平洋附近的海洋表层水温升高约$1^{\circ}C$，这会对气候系统产生巨大影响，全球多地将会出现高温肆虐、大范围洪涝等。而气候模式本身的偏差远超过厄尔尼诺强度，甚至达到$6{\sim}7\ ^{\circ}C$。利用这样的模式进行气候预测的结果可想而知。如何降低气候模式的共性偏差成为摆在世界科技工作者面前的重大科技难题。

海洋在气候系统中起控制性作用，改进了海洋模式后，我们能否进一步改进气候模式？自 2004 年起，我开始布局气候模式研发，通过改进海洋模拟来改进气候模拟。2013 年建立了世界首个包含海浪的气候模式，参加国际耦合模式比较计划，这在我国海洋领域尚属首次。看似不起眼的海浪发挥了大作用，显著降低了气候模式的共性偏差。在我们的引领下，世界气候模式研发的尖端学术机构，包括美国的

地球物理流体力学实验室等，纷纷开始测试海浪的作用，并显著改进了其模式效果。

又经过 7 年的努力，我们团队把海浪飞沫等物理过程引入到气候模式中，成功实现了第二代地球系统模式研发，模式性能又得到大幅度提高，推动我国进入了气候模式研发的世界科技"第一方阵"，2021 年美国和欧洲学者对所有参加国际耦合模式比较计划的气候模式进行对比，我们团队发展的气候模式对厄尔尼诺的综合模拟能力居国际首位。

准确预报支撑海上重大事故的处置

物理海洋学研究领域听起来高深，但实际上跟百姓的生产生活息息相关。这些年来，针对一些重大海上突发事件，我率团队运用研究成果，为海上重大事故的现场处置提供了准确有力的科学支撑。

2006 年，渤海发生大面积溢油叠发事故，引起国务院高度重视。危难时刻，

我被原国家海洋局党组任命为前线指挥部专家组组长。海水不断运动，"证据"稍纵即逝。经过两个月的连续奋战，溯源、溢油预测及油指纹比对，我带领专家组最终确定了肇事船只，准确预测了漂油的运移路径，为事故最终处理提供了核心科学依据。

2008 年 5 月底，距离 2008 年奥运会帆船比赛举行仅有两个月的时候，黄海海域暴发了严重的浒苔灾害，直接影响到奥帆赛在青岛顺利举办。危难之际，义不容辞。我又被任命为跨部委科学应对浒苔专家委员会副主任及前线指挥部副总指挥。临危受命，我根据海洋模式的计算结果绘制流场，通过海水的流向进行溯源，迅速查清了浒苔在青岛聚集的原因。提出了浒苔通道理论，以此为根据制订了打捞和应急预案，成为山东省和青岛市浒苔处置的科学依据，极大提高了浒苔打捞效率，保障了奥帆赛的顺利进行。

2011 年 3 月 11 日，海啸造成日本福岛核泄漏，该事件引起了全球民众恐慌。我带领团队，利用不到一周时间就预测出核物质在大气和海洋中的扩散路径，并于 4 月初在《科学通报》正式发表了全球首篇关于福岛核物质扩散的科学论文。后续实际观测结果与我们的预测结果吻合。2021 年 4 月，日本政府决定向太平洋排放福岛百万吨核废水，我们团队接受国际学术期刊邀请，撰文预测核废水的影响范围。当年 5 月份研究论文在国际高水平学术期刊 *Marine Pollution Bulletin* 发表，从科学上定量化证明这种排放的危害范围与传播路径。

2018 年 7 月，泰国普吉发生沉船事故。为了保障搜救工作及时有效地进行，经自然资源部批准，我率领研究团队与泰国科学家密切合作，快速为这次海难事故提供了搜救"靶区"，其精准性得到了搜救结果的验证，泰国政府就此事向我国政府正式致函表示感谢。

建立的新型海洋模式的精准性得到反复验证，引领了国际模式的发展。我也在不断思考：科学的价值在于原始创新，科学家的使命在于服务人类和社会。作为新时代的科技工作者，应该把论文写在祖国大地上，并让科技成果普惠世界。我们要做的就是倾情尽智地探索发现自然界的规律，并且应用这些规律，为中国乃至世界可持续发展提供核心科技支撑。

走向海洋科技国际前沿

当选政府间海洋学委员会西太分委会主席

我一直积极推动研究成果的国际应用与国际共享，利用我国自主核心技术构建了高精度海洋预报系统，为东南亚防灾减灾工作做出了重要贡献。2013 年，李克强总理在东盟峰会上宣布启动包括我主持的"东南亚海洋环境预报和灾害预警系统建设"等 17 个项目，互惠互利共建 21 世纪海上丝绸之路。利用原创的浪致混合理论，我们团队建立了先进的海洋环境业务化预报系统，受联合国教科文组织政府间海洋学委员会西太平洋分委会（WESTPAC）的邀请，对国际社会业务化发布，结束了东南亚地区没有海洋环境预报能力的历史。该预报系统自 2016 年起已先后在泰国和马来西亚等国家业务化应用，在东南亚珊瑚礁生态保护、海岸带保护、溢油与海漂垃圾的溯源和预测等工作中发挥了重要作用。

乔方利在青岛海洋科学与技术试点国家实验室作报告

2021 年 4 月 WESTPAC 举行第 13 次政府间会议。经成员国选举，我当选 WESTPAC 共同主席。WESTPAC 有 22 个成员国，是西太平洋地区最具影响力的国际海洋组织。长期以来，我国一直积极参与 WESTPAC 的各项活动，并在其中发挥着重要作用。作为中国提名的主席候选人，我得到了 WESTPAC 各成员国的普遍支持。各国代表团以协商一致的方式，批准我担任 WESTPAC 联合主席，体现了各国高度认可中国对地区海洋事务的贡献，也充分肯定中国专家对国际海洋科技发展的贡献。

我在政府间海洋学委员会框架下推动创建了"海洋动力学与气候研究和培训区域中心"，自 2011 年起连续举办了 10 届培训班，收到了 1000 余份申请，为国际社会培养了 522 名海洋模式领域的青年学者，成为国际海洋能力建设的典范。为表彰我在海洋科学研究领域取得的突出创新性成果和对国际海洋科学合作做出的贡献，WESTPAC 授予我"杰出科学家奖"；北太平洋海洋科学组织（PICES）也授予我最高奖"伍斯特"奖。上述奖项均为中国学者首次获得。

受聘担任国际主流期刊主编

由于研究工作的创新性，自 2021 年 4 月起，我受国际最大学术期刊出版社爱思唯尔邀请担任《海洋模拟》（*Ocean Modelling*）主编。这既是国际海洋模式领域对我们创新研究的一种肯定与鼓励，更是责任与挑战。第一个海洋模式建立至今已有半个多世纪。由于受海洋科学认知水平、计算机技术发展与应用等诸多条件的限制，我国在国际海洋模式发展领域长期处于"跟跑"地位。通过国家大力支持、我国诸多海洋科学家前辈持之以恒地不断探索，以及年轻一代海洋数值模式专家不懈奋斗，我国终于在海洋模式、台风模式和气候模式发展领域探索出了一条全新的科学途径。这是集体智慧的结晶，也是我国海洋模式走向世界的新起点。从国内看，我国为世界提供高质量高科技海洋公共服务产品的条件已经成熟，这是我国深度参与全球海洋治理、打造海洋命运共同体的核心抓手；从国际看，预测海洋是联合国海洋十年（2021 年至 2030 年）七大核心目标之一，《海洋模拟》期刊这个新的平台可以方便地汇集国际力量，服务于人类对精准海洋预测的共同需求。

我从一个走出农村看海的懵懂学生，成长为国际海洋科研领域有一定影响的科技工作者，这些成绩是多位恩师前辈悉心指导的结果，是团队共同努力的结果。取得了一点成绩，关键在于从事海洋科研30 余年一直就专注做一件事，那就是，不断提升海洋的预报水平。但我们应该清醒地看到，人类对海洋的认知还很有限，全球海洋中还有 95% 的海底是未知的，埋藏了太多值得去探索的秘密。

"长风破浪会有时，直挂云帆济沧海。"我国把创新放在五大新发展理念的首位，这是科技工作者的时代号角。海洋科技工作者不仅需要站在海洋科技的国际前沿，为人类可持续发展做出贡献；也需要利用国际学术平台，汇集世界海洋科技工作者的智慧与力量，以实际行动推动我国社会与经济的高质量发展。

为探索海洋增添创新的翅膀

水下机器人专家 宋大雷

科学家简介

宋大雷，中国海洋大学教授、博士生导师，水下机器人专家。担任中国海洋大学创新教育实践中心主任、海洋高等研究院海洋观测技术与装备研发中心总工程师，全国大学生创新创业实践联盟常务理事，山东省机器人研究会理事、青岛工业互联网产业联盟工业互联网研究院院长。

宋大雷教授主要研究方向为智能化海洋感知与控制、检测技术与自动化装置、机器人技术等。作为骨干在我国南海参与构建了国际上规模最大的区域海洋潜标观测网；研制了国内首台声学滑翔机，打破了国外的技术封锁和垄断。为山东省高校"黄大年式"教师团队骨干，教育部首批国家级一流本科课程负责人，国际海洋工程装备科技创新大赛发起人。

宋大雷与 Knorr 科考船合影

结缘海洋科学研究

我出生在东北工业重镇哈尔滨,父亲是国营军工厂的技术员,是又红又专的"劳模"。家里除积攒了各类工具,最多的是科技刊物、技术图书,再有就是马克思、恩格斯、列宁、斯大林的著作和《毛泽东选集》等书籍。从小受到耳濡目染的熏陶,我对读书有种特别的情结。不幸的是,在我6岁的时候,父亲英年早逝。母亲一个人含辛茹苦地拉扯着我和双胞胎的姐姐们长大成人,吃苦耐劳的品质在我们姐弟三人身上打下了深深的烙印。我是在社会的关爱下成长起来的。上学的时候,因家庭困难,各种费用经常免交。也正是因为这种境遇,我懂得了珍惜资源和感恩社会。

通过刻苦学习,我考上了素有"工程师摇篮"之称的哈尔滨工业大学,选择了工业电气自动化专业,攻读硕士学位时期师从中国电工技术学会理事、曾任哈工大副校长的徐殿国教授,攻读博士学位时期师从我国著名的机器人专家和教育家、哈尔滨工业大学机器人研究所奠基人之一王

炎教授。哈尔滨工业大学"规格严格、功夫到家"的严谨扎实的工作作风,深刻地影响了我以后海洋领域的科研工作。

1999年博士毕业的时候,中国的改革开放和先进技术的引进、消化吸收正如火如荼,我抱着开阔视野的目的,来到了青岛朗讯(Lucent)这家外企工作。朗讯是美国电话电报公司(AT&T)拆分出来的,而著名的贝尔实验室(Bell Lab)曾属于AT&T,后划归给了朗讯。我先后带队去了英国朗讯和美国朗讯,开展技术转移工作,也真正意识到那个时代国内和国外在科技创新的理念、前沿技术、管理方法和工作模式上的差距。5年多的外企研发工程师的经历也让我收获颇多。

在外企的工作毕竟不是我的初心所在,我还是想为国家建设做点工作,于是选择了创业,进行高校科研成果转化。虽然创业无疾而终,但是艰辛且丰富多彩的创业之路让我成长了很多,也积累了很多。世面也见了,尝试也做了,我在想什么事

宋大雷（左三）与创业团队（左二为原哈尔滨工业大学副校长徐殿国教授）

业值得自己奋斗终生呢？

在青岛有所著名的海洋学府——中国海洋大学，一直是我所向往的地方。从各方面的专家意见中，我了解到海洋有太多的秘密等待着去探索，而当时我国海洋探索所需的海洋装备大量依赖进口，工程师在这个领域大有用武之地。我国从"九五"

期间才开始进行海洋技术领域的 863 计划项目研究，这个领域最需要我国开展自主创新。而中国海洋大学作为文理兼备的高校，有工科的助力能在海洋领域产生更大的影响力，并为我国的海洋强国建设做出更大贡献。

2006 年 8 月我入职中国海洋大学，

国际机器人足球联盟（FIRA）副主席、FIRA中国分会会长洪炳镕教授为宋大雷（右）领奖

田纪伟教授（后排右）与宋大雷（后排左）在甲板上工作

重操旧业，从机器人技术入手开展工作，带领学生获得了全国机器人足球锦标赛的冠军，又获得了国际机器人大赛冠军。我的工作得到了863计划海洋技术领域首席科学家田纪伟教授的关注。我有幸参加了当时中国海洋大学最大的科研项目——南海潜标网建设，开启了我的海洋科技创新生涯。

投身海洋，参加南海潜标网的建设

潜标是系泊在海面以下的长期观测海洋环境要素的系统，有声学释放器，可从海面按指令回收。潜标整体位于水下，可架装不同深度的海洋传感器，实现全海深海洋动力环境的定点、长期、连续、多层次、多要素同步观测，并具有隐蔽性好、不易被破坏等优点。

为了把潜标做好，我们不仅在国内开展了广泛的调研工作，如到国家海洋技术中心、中国科学院南海海洋研究所等单位调研，还到美国伍兹霍尔海洋研究所的潜标中心交流，参加Knorr科考船的潜标航次进行交流学习。我们详细对比了我国和美国潜标技术的异同和产业背景的差异，找到适合我国国情的潜标设计思路。当时国内潜标因连接件腐蚀导致整个潜标丢失的现象比较普遍。我们就从零部件材质入手，开展供应链体系的调研，几乎走遍了主要的供货渠道，终于从源头上对潜标连接件的质量进行了有效把控，为中国海洋大学潜标的回收率达到 100 % 奠定了基础。此外，我们进行了各类湖试、近海海试。我每年参加两次、每次一个月左右的南海航次。经历了南海上的风吹日晒和在"东方红 2"号后甲板上要通宵达旦的精细化潜标作业，我这个海洋的门外汉脱胎换骨，成为真正的海洋人。

经过 10 多年的建设，中国海洋大学首次在南海构建了国际上规模最大的区域海洋潜标观测网，实现了恶劣海况下潜标观测数据的实时传输，有效提高了观测数据的时效性，取得诸多在国际上具有重要显示度的科技创新成果，受到国内主流媒体的广泛关注。中国科学院院士、海洋地

宋大雷参加伍兹霍尔海洋研究所 Knorr 科考船潜标布放工作（Knorr 科考船通过声呐首先发现泰坦尼克号沉船）

宋大雷在"东方红2"号科考船上科考

质学家汪品先对南海潜标观测网的成功构建给予了高度评价。他说："南海潜标观测网的成功构建，不仅为实现南海动力环境系统长期连续观测奠定了基础，为研究其水文动力过程时空变异机理提供了宝贵数据，同时也为探讨南海深部沉积搬运过程以及太平洋水体演变、再造边缘海生命史创造了宝贵的条件，是我国海洋科学近年来一项值得表彰的重要进展。"

"刻舟求剑"，与水下机器人结缘

对自己思想冲击很大的是一次"刻舟求剑"的经历。我们在青岛沙子口近海的养殖平台上做海流的实验时，使用了声学多普勒点式流速仪（Doppler Volume Sampler）。由于疏忽，仪器没有固定好，一下子掉到海里了。这可是价值 20 万的进口设备啊。我马上联系附近村里的潜水员来打捞，潜水员 1 个小时之后赶到了，我就站在平台上仪器落水的地方，让潜水员从这里下水打捞。后来，我抬头看向远方的时候，发现前面是崂山，而我清晰地记得仪器落水的时候，我是面向出海口的！我猛然醒悟，经过 1 个小时，平台已经跟着潮流发生了转动。潜水员下水打捞的地方肯定不是当时仪器落水的地方了，"刻舟求剑"的事情真实地发生在我的身上。这也是后来我为"首届国际海洋工程科技创新大赛"出题的时候，确定大赛主题是"海洋时空"的缘起。

两名潜水员捞了两天，也没有捞到仪

器。我当时非常不理解，就 20 米的水深，面积 100 平方米的海底，怎么就找不到呢？后来我问了一下老海洋人这种情况下找到的可能性有多大。得到的回答是，水下有淤泥，能见度很低，而且很难标记哪些地方已经找过了，只能下去瞎摸，所以基本上是找不到的。那个时候，我也注意到 20 米深处的水压已经使潜水员很难消受了，而且他们每次的作业时间也就半个小时左右。我是研究机器人技术的，我想如果有水下机器人下去寻找，这些问题不是都能解决了？

自主创新，打破国外技术垄断与封锁

后来，我调研了一下水下机器人的市场，就是一个近海的观察型的无人有缆遥控潜水器（Remote Operated Vehicle）也要 20 余万元，而且都是国外进口产品，服务周期都在 3 个月以上。于是，我就带领研究生开展了水下机器人研发，把此类机器人的价格降到了 5 万元，还举办了海大的首届水下机器人大赛。后来我指导学生研发了各类水下机器人，包括海豚仿生机器人、水母仿生机器人等，获得了国际水中机器人大赛和全国海洋航行器大赛的冠军、特等奖等奖项。我又作为首席顾问，通过世界著名的 OI 海洋展，举办"OI 中

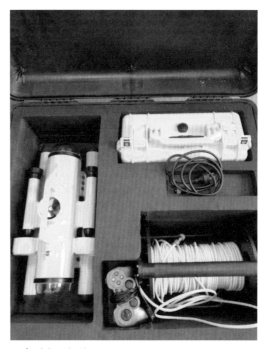

观察型水下机器人

中国海洋学会、国家海洋技术中心领导及大赛裁判长宋大雷（右二）在 OI 中国水下机器人大赛开幕式合影

国水下机器人大赛"，推动了水下机器人国产化进程。现在国产 ROV 已经占据市场的半壁江山。

　　面对国外的技术封锁和垄断，在国家863 计划的支持下，我主持完成了国内首台声学滑翔机的研制，并完成总参第三方的海试，在实海环境下探测到 3000 米外的声学信号。自主创新是条非常艰辛的道路。滑翔机的研制是从零开始的，项目实施中压力非常大，最多一年海试天数 93天。我们的滑翔机要安装体积较大的水听器，外壳粗大。同时，为了满足长航时的要求，减轻耐压舱的重量，安装更多的电

声学滑翔机海试调试，前排中间为宋大雷

池，我们在国内首次采用了碳纤维的耐压舱体，实现耐压 2000 米。此类结构设计为国内多家水下机器人研制单位所采用。

创办比赛，全方位培养海洋工程领域优秀人才

2015 年，在我的努力下，海大得以承办第四届全国海洋航行器设计与制作大赛。这是我国船舶与海洋工程领域最高层次、最大规模与覆盖面的竞赛，多年来我也一直坚持指导学生参加此项比赛，而每年中国海洋大学参加此项比赛学生有 800 余人，形成了良好的学生自主学习和创新的氛围，培养了一大批优秀的学子。

我深切地感受到我国在海洋领域要赶超发达国家，不仅要靠努力，还要富有创新精神。2019 年我发起了"国际海洋工程科技创新大赛"。大赛以培养国际化海洋科技创新人才为目标，构建了科幻类、设计类、制作类、工程类、产品类

的比赛体系，科幻类是让选手设想未来 50 年的海洋；设计类是设计未来 5 年海洋科技的蓝图；制作类是用当下的技术制作作品；工程类则是用已有的技术开展工程案例；产品类是过去成熟的技术打造产品。大赛已经成功举办两届，参赛人数上千人，收到广泛的社会关注，我们会继续努力把大赛办成海洋工程领域创新人才培养的优秀平台。

国际海洋工程装备科技创新大赛发布仪式，左一为宋大雷

图书在版编目（ＣＩＰ）数据

海洋科学家手记 . 第二辑 / 杨立敏，徐永成主编
. -- 青岛：中国海洋大学出版社，2021.10（2022.1 重印）
ISBN 978-7-5670-2989-7

Ⅰ . ①海… Ⅱ . ①杨… ②徐… Ⅲ . ①海洋学 - 青少
年读物 Ⅳ . ① P7-49

中国版本图书馆 CIP 数据核字 (2021) 第 216182 号

海洋科学家手记 第二辑　HAIYANG KEXUEJIA SHOUJI　DIERJI

出版发行	中国海洋大学出版社有限公司	网　　址	http://pub.ouc.edu.cn
社　　址	青岛市香港东路23号	订购电话	0532 - 82032573（传真）
出 版 人	杨立敏	邮政编码	266071
责任编辑	赵孟欣	电子信箱	2627654282@qq.com
装帧设计	王谦妮	电　　话	0532 - 85901092
印　　制	青岛海蓝印刷有限责任公司	成品尺寸	185 mm × 225 mm
版　　次	2021年12月第1版	印　　张	11.5
印　　次	2022年1月第2次印刷	印　　数	1001 ~ 4000
字　　数	144千	定　　价	59.00元

发现印装质量问题，请致电0532-88785354，由印刷厂负责调换。